供电企业
消防安全管理

国网浙江省电力有限公司　组编

中国电力出版社
CHINA ELECTRIC POWER PRESS

内 容 提 要

为深入贯彻落实《中华人民共和国消防法》《中华人民共和国安全生产法》和《国务院办公厅关于印发消防安全责任制实施办法的通知》，为规范电力企业员工消防安全技术培训考核工作，我们组织编写了《供电企业消防安全管理》。

本书包含八章内容和三个附录，介绍了消防相关法律法规、标准、制度，工程建设的消防管理，常用的消防设施设备，消防档案管理，消防四个能力建设，重点场所（部位）的消防安全管理以及火灾案例分析。在附录中，给出了发电单位一级动火工作票样张、电网经营单位一级动火工作票样张、发电单位和电网经营单位二级动火工作票样张。

本书可作为电力企业消防安全管理培训教材，也可供电力企业员工的消防安全管理培训及学习参考。

图书在版编目（CIP）数据

供电企业消防安全管理 / 国网浙江省电力有限公司组编 . —北京：中国电力出版社，2019.2
（2024.8重印）
ISBN 978-7-5198-2522-5

Ⅰ . ①供… Ⅱ . ①国… Ⅲ . ①供电–工业企业–消防管理 Ⅳ . ①TM72

中国版本图书馆 CIP 数据核字（2018）第 235697 号

出版发行：中国电力出版社
地　　址：北京市东城区北京站西街 19 号（邮政编码 100005）
网　　址：http://www.cepp.sgcc.com.cn
责任编辑：陈　丽（010-63412348）　刘丽平（010-63412342）
责任校对：黄　蓓　闫秀英
装帧设计：郝晓燕
责任印制：石　雷

印　　刷：固安县铭成印刷有限公司
版　　次：2019 年 2 月第一版
印　　次：2024 年 8 月北京第五次印刷
开　　本：787 毫米×1092 毫米　16 开本
印　　张：10.75
字　　数：247 千字
印　　数：5001—5500 册
定　　价：45.00 元

编 委 会

前　言

近年来，国网浙江省电力有限公司高度重视消防工作，始终坚持"预防为主、防消结合"，严格落实消防安全主体责任，认真抓好消防安全工作。但是在日常消防监督、指导和管理工作中，也发现部分员工消防安全基础知识有欠缺，消防管理人员在系统性消防安全知识上存在薄弱环节，为此国网浙江省电力有限公司组织系统内外专家结合电力企业特点，组织编写了《供电企业消防安全管理》培训教材。本教材的编写也为深入贯彻落实《中华人民共和国消防法》《中华人民共和国安全生产法》和《消防安全责任制实施办法》等法律法规，规范国网浙江省电力有限公司员工消防安全技术培训考核工作提供指导。

本书包含八章内容和三个附录，介绍了消防相关法律法规、标准、制度，工程建设的消防管理，常用的消防设施设备，消防档案管理，消防四个能力建设，重点场所（部位）的消防安全管理以及火灾案例分析。在附录中，给出了发电单位一级动火工作票样张、电网经营单位一级动火工作票样张、发电单位和电网经营单位二级动火工作票样张。

本教材内容丰富，深入浅出，通俗易懂，具有较强的系统性、实用性和针对性，可作为电力企业消防安全管理培训教材及学习参考。

参与本书编写的人员有：陈小富、吴志敏、傅剑、赵志勇、于军、方忠闪、朱鸿杰、宋沛尉、李海平、费春明、朱建平、纪宏德、阮祥等。

由于时间和水平有限，书中疏漏之处在所难免，欢迎提出宝贵意见和建议，以便及时修改和补充。

作　者
2018 年 9 月

目　录

第一章 概　　述

火作为一种重要的自然力，具有两重性，"善用之则为福，不善用之则为祸"。火灾不仅伤及生命，也给人类物质财富造成毁灭性损失。人类许多文化遗产、宝贵财富在火灾中化为灰烬，这些损失是无法计算和补偿的。我国每年的火灾直接经济损失达到200亿元人民币，间接损失更是无法估量。为了"防患于未然"，消防一直伴随着人类发展的历史进程，一方面人们积极用火，一方面人们也积极治火。

数千年的人类文明史证明，消防是世界文明进步的产物。为了生存需要，我们的祖先早就开始了防范和治理火灾的工作，并在同火灾作斗争的长期实践中，积累了丰富的经验。

新中国成立后，我国的消防工作贯彻"预防为主、防消结合"的方针，坚持专门机关与群众相结合的原则，坚持政府统一领导、部门依法监管、单位全面负责、公民积极参与的原则，实行消防安全责任制，建立健全社会化的消防工作网络。国务院领导全国的消防工作，地方各级人民政府负责本行政区域内的消防工作，公安部对全国消防工作实施监督管理，县级以上地方各级人民政府公安机关对本行政区域内的消防工作实施监督管理，并由本级人民政府公安机关消防机构负责实施，公安消防部队纳入中国人民武装警察部队序列，部队主要担负灭火救灾、抢险救援、反恐处突和社会救助等任务，是大型灾害的第一出动力量，也是和平时期战损率最高的部队。1998年第九届全国人大第二次会议通过并颁布《中华人民共和国消防法》，以此为母法，颁布了300多部消防技术规范和标准，近30年来，我国消防领域取得了巨大的进步，目前有消防从业人员200万人、3000多家消防企业，可以生产覆盖各种防火灭火要求的消防产品。我国现有的5所相关院校，每年都培养出大批新生力量走进消防工作第一线。

第一节　消防的基本知识

一、消防的释义

消防系指预防和解决人们在生活和社会活动过程中遇到的人为与自然灾害的总称（通常理解就是扑灭和预防火灾的意思）。据历史文献记载，我国古代没有"消防"一词，当时是采用"火禁""火政""救火"等词。"消防"一词是清朝末年由日本传到我国的，当初，它的含义是消除与预防火灾、水患等灾害，后来经过不断地发展和变革，消防才具有现代人们所共知的词义，并沿用至今。

二、消防工作的重要性和意义

消防工作是国民经济和社会发展的重要组成部分，是发展社会主义市场经济不可或缺的保障条件。消防工作直接关系人民生命财产的安全和社会的稳定。近年来，我国发生的一些重特大火灾，造成巨大的伤亡和经济损失。不仅如此，而且事故的善后处理往往也牵扯了政府很多精力，严重影响了经济建设的发展和社会的稳定，有些火灾事故还成为国内外舆论的焦点，造成了极为不良的社会影响，教训十分沉重和深刻。因此做好消防工作、预防和减少火灾事故，特别是群死群伤的恶性火灾事故的发生，具有十分重要的意义。

"隐患险于明火、防患胜于救灾、责任重于泰山"的科学论断，用辩证唯物主义观点，科学地阐述了消防安全工作的重要意义，深刻地揭示了消防安全工作的内在规律，突出强调火灾预防是做好消防安全工作的关键性问题，对指导和加强消防安全工作具有十分重要的现实意义和深远的历史意义。因此，全社会、各部门、各行业、各单位以及每个社会成员都要高度重视并认真做好消防工作，认真学习并掌握基本的消防安全知识，共同维护公共消防安全。只有这样，才能从根本上提高一个城市、一个地区乃至全社会预防和抗御火灾的整体能力。

三、消防工作的方针

消防工作实行"预防为主、防消结合"的方针。

这一方针不仅是人民群众长期同火灾作斗争的经验总结。而且也正确地反映了消防工作的客观规律，体现了防和消的辩证关系。

预防为主，就是要在同火灾的斗争中，把预防火灾的工作作为重点，放在首位。防患于未然。

防消结合，是在做好预防工作的同时，把消作为防的一部分，辅助预防不足的措施，使防和消的工作紧密结合为一体。

四、消防工作的基本原则

坚持专门机关与群众相结合的原则。政府统一领导，部门依法监管，单位全面负责，公民积极参与。国务院领导全国的消防工作，地方各级人民政府负责本行政区域内的消防工作。公安部对全国消防工作实施监督管理，县级以上地方各级人民政府公安机关对本行政区域内的消防工作实施监督管理，并由本级人民政府公安机关消防机构负责实施。政府、部门、单位、公民是消防工作主体。

五、消防工作的特点

消防工作是一项社会性很强的工作，它涉及社会的各个领域，与人们的生活都有着十分密切的关系。随着社会的发展，综合能源的普遍运用，消防安全问题所涉及的范围几乎无处不在。全社会每个行业、每个部门、每个单位甚至每个家庭，都有随时预防火灾、确保消防安全的责任和义务。总结以往的火灾教训，绝大多数火灾都是由于一些领导、管理者和人民群众的思想麻痹、行为放纵、不懂消防规律，或者有章不循、管理不严、明知故犯、冒险工作造成的。火灾发生后，有不少人缺乏起码的消防科学知识，遇到火情束手无策，不知如何报警，甚至不会逃生自救，导致严重后果。因此，只有依靠全社会的力量，在全社会成员的关心、支持、参与配合下才能搞好消防工作。

六、消防工作的任务

《中华人民共和国消防法》规定消防工作的总体任务是：预防火灾和减少火灾危害，加强应急救援工作，保护人身、财产安全，维护公共安全。

消防工作的基本任务有：

（1）控制、消除发生火灾、爆炸的一切不安全条件和因素；

（2）限制、消除火灾、爆炸蔓延、扩大的条件和因素；

（3）保证有足够的消防人员和消防设备，以便一旦发生火灾，及时扑灭，减少损失；

（4）保证有足够的安全出口和通道，以便人员逃生和物资疏散；

（5）彻底查清火灾、爆炸原因，做到"三不放过"（原因不明不放过、事故责任者以及群众未受到教育不放过、防范措施不落实不放过）。

第二节　供电企业消防安全管理

实行防火安全责任制是我国经济体制改革和社会发展的需要，《中华人民共和国消防法》对供电企业的消防安全管理做了明确规定，要求其消防安全管理工作应该与企业的其他日常管理和经济建设同步进行，并将其有效融入生产、经营、管理活动中，使其成为不可分割的整体。消防安全管理指的是针对电力基建、生产、运行、维护等各个环节特点，运用行政、经济、技术等多种手段实现有效管理的一种方式。其主要作用是预防火灾发生及消除火灾事故，从而确保电力生产安全，是供电企业生产的需要。

消防安全管理是供电企业进行安全生产的重要组成部分，只有正确、科学地认识供电企业消防工作的重要性，才能有效确保消防安全管理工作得到真正落实，才能达到企业"消防安全自查、火灾隐患自除、法律责任自负"的效果。

（1）落实消防安全责任制，建立健全消防管理组织机构体系。

1）建立健全消防管理组织机构体系的重要性和意义。《机关、团体、企业、事业单位消防安全管理规定》（公安部61号令）规定：法人单位的法定代表人或者非法人单位的主要负责人是单位的消防安全责任人，对本单位的消防安全工作全面负责。单位应当落实逐级消防安全责任制和岗位消防安全责任制，明确逐级和岗位消防安全职责，确定各级、各岗位的消防安全责任人。

消防安全责任制提出了社会单位的负责人、各级领导干部、各岗位人员都应该管辖好自己范围内的相关消防安全工作，建立一个完整性、全方位、多层次的防火责任网络。因此，在消防工作中开展消防安全责任制，具有如下意义：

a. 消防安全责任制这项制度，是消防工作的经验总结，也是新形势消防工作的需要。实行消防安全责任制，能更好地调动群众的积极性，统筹各阶层的消防力量，保障"群防群治"工作的开展，更好地落实"预防为主、防消结合"的方针政策。实行消防安全责任制，符合消防法律法规的基本要求，不仅使消防监督和管理的职责更加明确，还调动了单位自身的防火积极性，解决了实际监督不力的问题，是消防工作走上依法治火法制轨道的必然要求。随着经济体系的发展，过去依靠行政管理手段进行消防管理的模式无法适应新形势的需要，实行消防安全责任制，采取新的行政、法律手段，树立主体意识，才能满足当下经济改革和建设的发展需求。

b. 实行消防安全责任制，增强了企业的社会效益。从实际效果上分析，实行消防安全责任制后增强了各级领导对消防工作的重视度，转变了"要我负责"的传统思想，加大了相关消防工作的相关职责。增强了单位法人代表和主要负责人的紧迫感，并且充分调动了人民群众的积极性，从而较好地解决了传统消防安全措施难以落实的顽症，强化了公安机关消防监督管理职能。各单位改变传统的大包大揽，落实"责任自负、防火自查、隐患自改"的监管体系，有利于消防工作整体监督的严谨性、科学性和依法性。

2）消防管理组织机构体系建设的思路。

a. 依法合规，依托政府统一领导。推进消防安全责任制的有效实施，必须严格贯彻执行国家法律法规，依托政府统一领导，将管理人员进行定性、定量分解，明确相关的法律规章和规范文件；健全消防工作的协调机制，推进相关基础性工作的进程；提倡消防工作作为政府对单位目标考核与政绩考核的内容，严格考评，落实消防工作过错责任追究制度。

b. 建立消防安全管理合理机制。一方面要强化企业内部各职能部门间的立法对接，即在立法的过程中，企业内部各职能部门之间应该进行充分的探讨和调研，落实好责任主体的职责界定、责任追究等环节制度的衔接，力求逻辑严谨，避免出现规定空白、责任断档或前后错节的问题；另一方面还要强化监管部门，完善相关工作的协调机制，发挥政府部门的主观能动性，加强各部门之间的信息共享，完善相关信息记录。

c. 建立单位全面负责的安全体系。单位是消防安全责任的主体，在相关的发展建设中，应该明确指导原则，梳理相关责任规范标准与流程，强化消防应急体系建设和消防队伍建设，建立消防安全评价体系，为单位消防管理提供科学依据。

d. 建立消防宣传教育立体网络。落实消防宣传机制，将消防宣传教育纳入单位员工教育体系，保障消防工作的有序开展。充分利用单位各类媒体，开展消防公益宣传。

（2）贯彻执行消防法律法规，建立健全消防安全管理制度体系。一个消防安全管理出色的单位一定是制度完善、管理规范、安全有序的完整体。因此，依法建立本单位消防安全管理制度体系，是单位进行正常生产经营管理所必需的，它是一种强有力的保证，能改善单位安全生产规章制度不健全、管理方法不适当、消防状况不佳的现状，从根本上促使单位健全消防安全管理机制，提升管理水平和保障安全局面。

单位消防安全制度的制定必须认真结合现状实际，符合必要性和可行性，供电单位应建立以下消防管理制度：

1）消防安全教育宣传和培训制度。举办消防知识宣传栏、开展知识竞赛等多种形式的活动，积极开展消防四个能力（检查消除火灾隐患的能力、组织扑救初期火灾的能力、组织人员疏散逃生的能力、宣传教育培训的能力）建设，定期组织员工学习消防法规和各项规章制度，针对岗位特点进行消防安全教育培训。

2）防火巡查、检查制度。落实逐级各层级、各岗位消防安全责任制，落实巡查检查制度。消防工作管理实施部门按周期要求开展防火巡查、消防设施检查，填写防火检查记录。

3）防火重点部位管理制度。依据防火重点部位管理要求，梳理并建立防火重点部位台账资料，落实专职管理责任人，建立完备有效的消防设施和标识，制定防火检查、日常值班、出入管理、应急处置等保障制度。

4）消防设施、器材维护管理制度。建立消防设施日常使用管理、维保、检测等制度，定期检查维保，及时更换不合格设施设备，使设备保持完好的技术状态和正常投运。

5）消防隐患排查治理制度。组织开展消防隐患排查治理活动，对所发现的消防隐患进行逐项登记，并落实整改闭环。在消防隐患未消除前，应落实临时防范措施确保安全；对无力解决的重大火灾隐患应当提出解决方案，及时向单位消防安全责任人报告，并向上级主管部门或当地政府报告。对公安消防机构责令限期改正的消防隐患，应及时改正并向公安消防机构复函。

6）用电、动火安全管理制度。加强单位用电安全管理，严禁私拉乱接、超限用电。严格执行动火审批制度，动火作业现场加强安全监护、配备灭火器材。

7）危险物品和场所管理制度。易燃易爆危险物品应配置专用的库房和专人管理，配备必要的消防器材设施和防火防爆措施。易燃易爆危险物品应分类、分项储存，出入库应检验、登记。

8）义务消防队组织管理制度。义务消防员应在消防工作归口管理部门领导下开展业务学习和灭火技能训练，各项技术考核应达到规定的指标。要结合对消防设施、设备、器材维护检查，有计划地对每个义务消防员进行轮训，使每个人都具有实际操作技能。按照灭火和应急疏散预案按期进行演练、灭火知识培训考核，并结合实际完善预案，提高防火灭火自救能力。

9）灭火和应急疏散演练制度。制定符合本单位实际情况的灭火和应急疏散预案，组织全员学习和熟悉灭火和应急疏散预案。按制定的预案按期进行演练，认真总结预案演练的情况，发现不足之处应及时修改和完善预案。

10）消防工程建设及验收制度。制定新建、扩建、改建（含室内外装修、建筑保温、用途变更）等建设工程的消防监督管理制度，依照消防法规、建设工程质量管理法规和国家消防技术标准，落实建设工程消防设计、施工质量和安全责任，开展内部验收工作。依法配合公安消防部门对建设工程的消防设计审核、消防验收和备案，并取得相应合格证书。

11）消防工作考评及奖惩制度。建立消防工作成效和质量考评管理制度，对工作优秀扎实的单位个人给予奖励，对工作质量差、有事故事件责任的单位个人给予处罚。

（3）建设完善的消防设施设备体系。

1）建设完善的消防基础设施。单位应根据国家法律和自身现状，确定合理的资金投入，建设和维护消防设施。在新建、改建、扩建项目和新技术、新工艺、新设备、新材料应用项目的消防安全实施应与主体工程同时设计、同时施工、同时投入生产使用。建设工程的消防设计、施工必须符合国家工程建设消防技术标准。

2）建设完善的消防管理台账。单位应根据消防设施设备投运现状，及时掌握和建立全面的消防技术台账和档案资料，定期核对相关消防档案资料，及时记录新情况、新问题，适时进行补充更正，确保消防技术台账和档案资料能充分反映单位消防设施设备运行现状。

3）开展完善的消防设施日常管理。拟订年度消防工作计划，组织实施日常消防安全管理工作。根据消防设施设备使用场所的环境条件和产品的技术性能要求，定期对消防设施进行维护保养和更换。每年对建筑消防自动安全系统进行全面检查测试。各类检查、维保、测试做到痕迹化管理，并按要求保存检测报告。保障消防设施设备处于健康稳定状态。

第二章　消防相关法律法规、标准、制度

第一节　消防法律法规

一、《中华人民共和国消防法》

1. 简介

《中华人民共和国消防法》(简称《消防法》)于 1998 年 4 月 29 日由第九届全国人民代表大会常务委员会第二次会议通过公布。1998 年 9 月 1 日起施行。《消防法》已于 2008 年 10 月 28 日由中华人民共和国第十一届全国人民代表大会常务委员会第五次会议通过修订稿，自 2009 年 5 月 1 日起施行，是我国消防工作的根本大法。内容包括总则、火灾预防、消防组织、灭火救援、监督检查、法律责任、附则，共 7 章 74 条。

《消防法》的修订和公布实施，对加强我国消防法制建设，推进消防事业科学发展，维护公共安全，促进社会和谐，具有十分重要的意义：① 有利于保障消防工作与经济建设和社会发展相适应，不断提高社会公共消防安全水平；② 有利于全面落实消防安全责任制，建立健全社会化的消防工作网络；③ 有利于加强和改革消防工作制度，有效预防火灾和减少火灾危害；④ 有利于推进市场机制和经济手段防范火灾风险，切实发挥市场主体在保障消防安全方面的作用；⑤ 有利于加强应急救援工作，推进消防力量建设，提升火灾扑救和应急救援能力；⑥ 有利于完善消防执法监督工作机制，促进公正、严格、文明、高效执法。

2. 重要条款

第二条　消防工作贯彻预防为主、防消结合的方针，按照政府统一领导、部门依法监管、单位全面负责、公民积极参与的原则，实行消防安全责任制，建立健全社会化的消防工作网络。

第六条　各级人民政府应当组织开展经常性的消防宣传教育，提高公民的消防安全意识。机关、团体、企业、事业等单位，应当加强对本单位人员的消防宣传教育。

第九条　建设工程的消防设计、施工必须符合国家工程建设消防技术标准。建设、设计、施工、工程监理等单位依法对建设工程的消防设计、施工质量负责。

第十六条　机关、团体、企业、事业等单位应当履行下列消防安全职责。

第十七条　县级以上地方人民政府公安机关消防机构应当将发生火灾可能性较大以及发生火灾可能造成重大的人身伤亡或者财产损失的单位，确定为本行政区域内的消防安全

重点单位，并由公安机关报本级人民政府备案。

第二十八条 任何单位、个人不得损坏、挪用或者擅自拆除、停用消防设施、器材，不得埋压、圈占、遮挡消火栓或者占用防火间距，不得占用、堵塞、封闭疏散通道、安全出口、消防车通道。人员密集场所的门窗不得设置影响逃生和灭火救援的障碍物。

第三十九条 下列单位应当建立单位专职消防队，承担本单位的火灾扑救工作：（一）大型核设施单位、大型发电厂、民用机场、主要港口；

第六十七条 机关、团体、企业、事业等单位违反本法第十六条、第十七条、第十八条、第二十一条第二款规定的，责令限期改正；逾期不改正的，对其直接负责的主管人员和其他直接责任人员依法给予处分或者给予警告处罚。

二、《机关、团体、企业、事业单位消防安全管理规定》

1. 简介

《机关、团体、企业、事业单位消防安全管理规定》（公安部令第 61 号公布）是一部由中华人民共和国公安部制订的、由公安部部长办公会议通过现予发布的一部法律法规。其发布主旨是为了加强及规范机关、团体、企业、事业单位的消防安全管理，预防火灾和减少火灾危害，根据《中华人民共和国消防法》而制定本规定。规定在 2001 年 10 月 19 日公安部部长办公会议通过，自 2002 年 5 月 1 日起施行。

2. 重要条款

第四条 法人单位的法定代表人或者非法人单位的主要负责人是单位的消防安全责任人，对本单位的消防安全工作全面负责。

第六条 单位的消防安全责任人应当履行下列消防安全职责。

第七条 单位可以根据需要确定本单位的消防安全管理人。消防安全管理人对单位的消防安全责任人负责，实施和组织落实下列消防安全管理工作。

第十三条 下列范围的单位是消防安全重点单位，应当按照本规定的要求，实行严格管理：（七）发电厂（站）和电网经营企业；

第十七条 举办集会、焰火晚会、灯会等具有火灾危险的大型活动，主办或者承办单位应当在具备消防安全条件后，向公安消防机构申报对活动现场进行消防安全检查，经检查合格后方可举办。

第二十五条 消防安全重点单位应当进行每日防火巡查，并确定巡查的人员、内容、部位和频次。

第二十六条 机关、团体、事业单位应当至少每季度进行一次防火检查，其他单位应当至少每月进行一次防火检查。

三、《消防安全责任制实施办法》

1. 简介

经国务院同意，国务院办公厅 2017 年 10 月 29 日印发《消防安全责任制实施办法》的通知（国办发〔2017〕87 号）（以下简称《办法》）充分体现了党中央、国务院对消防工作的高度重视，彰显了以习近平同志为核心的党中央坚持以人为本、心系百姓的鲜明执政理念。《办法》一共是 6 章、31 条。主要明确了法理政策依据、目的意义和指导原则，完整地明确了地方各级政府和相关部门、社会单位的消防安全管理职责，规定了对消防工作的考核和责任追究。《办法》的出台不仅有利于提升各级党委、行业部门、社会单位消防工作的积极性、主动性，而且对于解决新时期消防工作面临的一些新情况、新问题，为新时代中国特色社会主义建设创造良好的消防安全环境，必将会起到强有力的推动和促进作用。

2. 重要条款

第四条　坚持安全自查、隐患自除、责任自负。机关、团体、企业、事业等单位是消防安全的责任主体，法定代表人、主要负责人或实际控制人是本单位、本场所消防安全责任人，对本单位、本场所消防安全全面负责。

消防安全重点单位应当确定消防安全管理人，组织实施本单位的消防安全管理工作。

第五条　坚持权责一致、依法履职、失职追责。对不履行或不按规定履行消防安全职责的单位和个人，依法依规追究责任。

第十三条　具有行政审批职能的部门，对审批事项中涉及消防安全的法定条件要依法严格审批，凡不符合法定条件的，不得核发相关许可证照或批准开办。对已经依法取得批准的单位，不再具备消防安全条件的应当依法予以处理。

（一）公安机关负责对消防工作实施监督管理，指导、督促机关、团体、企业、事业等单位履行消防工作职责。依法实施建设工程消防设计审核、消防验收，开展消防监督检查，组织针对性消防安全专项治理，实施消防行政处罚。组织和指挥火灾现场扑救，承担或参加重大灾害事故和其他以抢救人员生命为主的应急救援工作。依法组织或参与火灾事故调查处理工作，办理失火罪和消防责任事故罪案件。组织开展消防宣传教育培训和应急疏散演练。

（八）电力管理部门依法对电力企业和用户执行电力法律、行政法规的情况进行监督检查，督促企业严格遵守国家消防技术标准，落实企业主体责任。推广采用先进的火灾防范技术设施，引导用户规范用电。

第十五条　机关、团体、企业、事业等单位应当落实消防安全主体责任，履行下列职责：

（一）明确各级、各岗位消防安全责任人及其职责，制定本单位的消防安全制度、消防安全操作规程、灭火和应急疏散预案。定期组织开展灭火和应急疏散演练，进行消防工作检查考核，保证各项规章制度落实。

（二）保证防火检查巡查、消防设施器材维护保养、建筑消防设施检测、火灾隐患整改、专职或志愿消防队和微型消防站建设等消防工作所需资金的投入。生产经营单位安全费用应当保证适当比例用于消防工作。

（三）按照相关标准配备消防设施、器材，设置消防安全标志，定期检验维修，对建筑消防设施每年至少进行一次全面检测，确保完好有效。设有消防控制室的，实行 24 小时值班制度，每班不少于 2 人，并持证上岗。

（四）保障疏散通道、安全出口、消防车通道畅通，保证防火防烟分区、防火间距符合消防技术标准。人员密集场所的门窗不得设置影响逃生和灭火救援的障碍物。保证建筑构件、建筑材料和室内装修装饰材料等符合消防技术标准。

（五）定期开展防火检查、巡查，及时消除火灾隐患。

（六）根据需要建立专职或志愿消防队、微型消防站，加强队伍建设，定期组织训练演练，加强消防装备配备和灭火药剂储备，建立与公安消防队联勤联动机制，提高扑救初起火灾能力。

（七）消防法律、法规、规章以及政策文件规定的其他职责。

第十六条　消防安全重点单位除履行第十五条规定的职责外，还应当履行下列职责：

（一）明确承担消防安全管理工作的机构和消防安全管理人并报知当地公安消防部门，组织实施本单位消防安全管理。消防安全管理人应当经过消防培训。

（二）建立消防档案，确定消防安全重点部位，设置防火标志，实行严格管理。

（三）安装、使用电器产品、燃气用具和敷设电气线路、管线必须符合相关标准和用电、用气安全管理规定，并定期维护保养、检测。

（四）组织员工进行岗前消防安全培训，定期组织消防安全培训和疏散演练。

（五）根据需要建立微型消防站，积极参与消防安全区域联防联控，提高自防自救能力。

（六）积极应用消防远程监控、电气火灾监测、物联网技术等技防物防措施。

第十七条　对容易造成群死群伤火灾的人员密集场所、易燃易爆单位和高层、地下公共建筑等火灾高危单位，除履行第十五条、第十六条规定的职责外，还应当履行下列职责：

（一）定期召开消防安全工作例会，研究本单位消防工作，处理涉及消防经费投入、消防设施设备购置、火灾隐患整改等重大问题。

（二）鼓励消防安全管理人取得注册消防工程师执业资格，消防安全责任人和特有工种人员须经消防安全培训；自动消防设施操作人员应取得建（构）筑物消防员资格证书。

（三）专职消防队或微型消防站应当根据本单位火灾危险特性配备相应的消防装备器材，储备足够的灭火救援药剂和物资，定期组织消防业务学习和灭火技能训练。

（四）按照国家标准配备应急逃生设施设备和疏散引导器材。

（五）建立消防安全评估制度，由具有资质的机构定期开展评估，评估结果向社会公开。

（六）参加火灾公众责任保险。

第十八条　同一建筑物由两个以上单位管理或使用的，应当明确各方的消防安全责任，并确定责任人对共用的疏散通道、安全出口、建筑消防设施和消防车通道进行统一管理。

物业服务企业应当按照合同约定提供消防安全防范服务，对管理区域内的共用消防设施和疏散通道、安全出口、消防车通道进行维护管理，及时劝阻和制止占用、堵塞、封闭疏散通道、安全出口、消防车通道等行为，劝阻和制止无效的，立即向公安机关等主管部门报告。定期开展防火检查巡查和消防宣传教育。

第二十一条　建设工程的建设、设计、施工和监理等单位应当遵守消防法律、法规、规章和工程建设消防技术标准，在工程设计使用年限内对工程的消防设计、施工质量承担终身责任。

第二十八条　因消防安全责任不落实发生一般及以上火灾事故的，依法依规追究单位直接责任人、法定代表人、主要负责人或实际控制人的责任，对履行职责不力、失职渎职的政府及有关部门负责人和工作人员实行问责，涉嫌犯罪的，移送司法机关处理。

发生造成人员死亡或产生社会影响的一般火灾事故的，由事故发生地县级人民政府负责组织调查处理；发生较大火灾事故的，由事故发生地设区的市级人民政府负责组织调查处理；发生重大火灾事故的，由事故发生地省级人民政府负责组织调查处理；发生特别重大火灾事故的，由国务院或国务院授权有关部门负责组织调查处理。

四、《建设工程消防监督管理规定》

1. 简介

《建设工程消防监督管理规定》在 2009 年 4 月 30 日，由中华人民共和国公安部令第 106 号发布，根据 2012 年 7 月 17 日《公安部关于修改〈建设工程消防监督管理规定〉的决定》修订。

2. 重要条款

第二条 本规定适用于新建、扩建、改建（含室内外装修、建筑保温、用途变更）等建设工程的消防监督管理。

第三条 建设、设计、施工、工程监理等单位应当遵守消防法规、建设工程质量管理法规和国家消防技术标准，对建设工程消防设计、施工质量和安全负责。公安机关消防机构依法实施建设工程消防设计审核、消防验收和备案、抽查，对建设工程进行消防监督。

第十四条 对具有下列情形之一的特殊建设工程，建设单位应当向公安机关消防机构申请消防设计审核，并在建设工程竣工后向出具消防设计审核意见的公安机关消防机构申请消防验收：

（二）国家机关办公楼、电力调度楼、电信楼、邮政楼、防灾指挥调度楼、广播电视楼、档案楼；

（五）城市轨道交通、隧道工程，大型发电、变配电工程；

五、《社会消防技术服务管理规定》（公安部 129 号令）的重要条款

第四条 防技术服务机构应当取得相应消防技术服务机构资质证书，并在资质证书确定的业务范围内从事消防技术服务活动。

第二节 行 业 标 准

一、国家标准

GB 50016《建筑设计防火规范》

GB 25201《建筑消防设施的维护管理》

GB 50974《消防给水及消火栓系统技术规范》

GB 50281《泡沫灭火系统施工及验收规范》

GB 4351《手提式灭火器通用技术条件》

GB 50166《火灾自动报警系统施工及验收规范》

GB 50229《火力发电厂与变电站设计防火规范》

GB 50974《消防给水及消火栓系统技术规范》

GB 50261《自动喷水灭火系统施工及验收规范》

GB 50444《建筑灭火器配置验收及检查规范》

GB 50310《电梯工程施工质量验收规范》

GB 50045《高层民用建筑设计防火规范》

GB 50303《建筑电气工程施工质量验收规范》

GB 50263《气体灭火系统施工及验收规范》

二、行业标准

DL/T 5027《电力设备典型消防规程》

JGJ 3《高层建筑混凝土结构技术规程》

GA 95《灭火器的维修与报废》

第三节　供电企业的消防安全管理制度

一、消防安全责任制

（1）根据《中华人民共和国消防法》和《电力设备典型消防规程》规定，按照"谁主管、谁负责"的原则，建立各级防火责任制。

（2）单位负责人是消防安全第一责任人。各部门负责人为本部门消防安全第一责任人。对所辖范围内的消防安全及火灾扑灭负有组织、管理直接责任。确定本部门的兼职消防安全管理员，具体负责本部门的消防安全工作。单位消防主管负责单位的消防安全管理工作并对单位负责人负责。

（3）各部门应设立防火安全领导小组，各班组应设义务消防员。在各级负责人的领导下具体做好本部门、本岗位的消防工作。

（4）单位防火部位、消防系统、消防设施按区划分，按照区域管理原则，并指定专人负责定期检查和维护管理，保证完好可用。下一级防火责任人应当定期向上一级防火责任人汇报工作。

（5）消防安全责任人应熟悉本部门（本专业）的防火重点部位，经常进行防火安全检查，发现火险隐患及时予以整改。

（6）对火灾事故应做到"四不放过"，即原因不清不放过，责任者和应受教育者没有受到教育不放过，没有采取防范措施不放过，责任者没有得到处理不放过。

（7）各部门、各班组均应设义务消防员。义务消防队应每年进行整顿、调整和补充。定期组织活动，义务消防队消防活动每季2次，消防演习每年1次。对义务消防队员要求思想素质、身体素质和消防业务素质高，身体健康的人员担任。应定期（每年一次）进行体格检查，体质或生理适应消防工作。

（8）应建立相应的防火档案，由消防管理部门负责管理，并按规定存档。

二、消防检查

（1）每日应结合设备巡检进行防火检查，至少每两小时一次；应当加强夜间防火巡查，巡查部位应当包含消防安全重点部位。

（2）每周对自动消防设施进行一次防火检查。每月对室内、外消火栓系统、自动喷水灭火系统、建筑防火、排烟系统、火灾自动报警系统进行一次检查。

（3）每季对泡沫、气体灭火系统、火灾爆炸危险场所进行一次检查。

（4）单位安全管理部门每月组织一次防火安全检查。

（5）每逢节假日前结合安全检查进行防火检查。

（6）防火检查的内容应及时记录在防火检查记录本中。

（7）对于防火检查中发现的火灾隐患，当场能改正的，应当责成有关人员当场改正；当场不能改正的，应及时向单位的消防安全管理人或消防安全责任人报告。

（8）防火检查记录本中各检查表上的检查人员和部门负责人需签名。

三、消防管理规定

全体员工都有责任对用于灭火的消防设备、设施、移动式灭火器和消防报警装置加以保护，严禁人为损坏。非火警情况下，任何单位和个人，一律不准动用各类固定消防设施和移动式灭火器材。对违反规定者，将按相关规定进行处罚，造成后果者，将追究当事人的法律责任。

（1）进入厂区，严禁流动吸烟和燃放烟花爆竹。

（2）生产区域内任何人不得吸烟。

（3）乘电梯轿厢内严禁吸烟。遇有火灾严禁乘电梯。

（4）禁火区内"严禁吸烟"。未经批准不得动火。

（5）生产现场动火作业必须严格执行动火工作票制度。

（6）消防通道、消防水管路应保证畅通，任何单位和个人不准在消防器材旁或消防栓周围堆积物资、垃圾。

（7）在进行电、气焊作业时，要远离易燃、易爆物品。在规定区域进行作业，必须配备适当的消防设施和制定应急措施。

（8）易燃、易爆、剧毒、放射性物品必须分开存放，要专库、专人保管，定期进行检查。

（9）现场作业人员退出作业现场之前，应检查所辖范围防火情况，并妥善处理火源、电源。

（10）生产现场不准乱接电线或照明。凡有检修工作需要接临时电源时，必须经运行当值负责人批准，临时线路不准超负荷，应按用电容量放置熔断器（保险丝）。

（11）各部门下班时须关掉电脑、饮水机、空调、照明灯等电源，并关好门窗。

（12）禁止使用电炉等加热设备。若因工作需要必须使用电炉时，应向单位消防管理部门书面申请，批准后方可使用。

（13）生产现场保持清洁，垃圾杂物及时清除，对漏油及漏粉现象及时处理，检修工作结束应清理现场的油污、抹布等杂物。使用后抹布不得随便丢弃，应放入带盖的箱（桶）内，放废抹布的箱（桶）应有"严禁火种入内"的标志，用后的废油严禁随便乱倒，应倒入专门的废油回收池内。

（14）生产现场及高温管道附近，严禁堆放易燃、易爆物品及其他杂物，凡因生产需要搭建临时建筑，必须事先书面上报，经批准，并配备有可靠的防火安全措施方可开工。

（15）凡浸过油的蒸汽管道的保温材料应拆除，更换新的保温材料。

（16）在氢气和油类的管道和设备上进行动火工作，必须按规定办理动火工作票，经单位分管生产领导批准和落实妥善的防火措施后方可工作。

（17）在拆油管道和设备之前，应先泄压和放尽存油，溅、漏在地面和设备上的油应及时擦拭干净。凡需在油箱上和油管上动火，事先必须彻底进行蒸汽清扫，以免发生火灾。并按规定办理动火工作票，经单位分管生产领导批准和落实妥善的防火措施后方可工作。

（18）雷雨季节到来之前应对各部位的避雷装置，油库和油管的接地线，对全部的电气设备和照明线路接地电阻及电气绝缘进行测量，以防雷击和短路起火。

（19）按照单位设备分工管理制度，责任部门要根据消防设备定期检查试验制度和维护保养制度的要求切实做好辖区内的消防设备定期检查、试验和维护、保养工作，确保消防系统处于正常备用状态。

（20）消防器材的管理按设备所属区域原则进行管理。发现问题及时更换和补充，做到设施器材不失效，保证防火器材完好率在100%。

（21）消防系统发现的设备缺陷，要及时填写设备缺陷联系单，由责任部门落实到班组或个人进行消缺，并做好记录备查。

（22）非火警禁止动用消防水。各部门员工，违章动用消防水，将按有关规定考核责任部门，造成后果者，将追究当事人的法律责任。（若因生产需要或抢修必须动用消防水，应由使用部门事先联系主管部门，说明使用地点和时间，在办理申请、经批准备案后方可用水，使用结束后应清理现场并将消防水带整理归位）。

（23）各类移动式灭火器，要按规定放置在禁止阻塞线上，禁止阻塞线前方5m以内不准堆放任何物品。

（24）各部门配置的消防水带、水枪，要按规定放置在固定地点，水带及消防栓要保持完好。

（25）各部门辖区内的消防水系统所有管道、阀门及室内、外消防栓无漏水现象并根据气候变化情况做好防冻保温工作。

（26）消防配套设施（消防标志、消防通道等）要保持完好，保证畅通。

（27）各类消防设施、器材是防火、灭火的专用工具，应统一配置、更换，严禁挪用消防器材和损坏消防设施。

（28）消防设施、消防器材，严格执行设备巡回检查制度、交接班制度。发现消防系统问题，及时通知维护单位到场处理。

（29）在交接班工作中，应对所辖消防设备、设施、器材进行检查。消防设备、设施、器材归所在部门负责保管。

（30）定期检查消防稳压泵运行工况，发现压力低于设计标准，及时通知维护单位到场检查原因，并及时消除。

（31）每月进行一次消防泵的启动试验，对设备运行时间和工况应作好记录，发现缺陷及时填写缺陷单交维护单位修复，每次试验应通知维护单位到场。

四、防火重点部位的管理

（1）防火重点部位是指火灾危险性大，可能发生的火灾损失大、伤亡大、影响大的部位和场所。

（2）重点防火部位：燃油泵房、油罐区、集控室、控制室、蓄电池室、电子间、继电器楼、电缆夹层等部位。

（3）在控制室内要布置重点防火部位及消防设施布置平面图，重点防火部位及消防设施要有明显标志。

（4）防火重点部位按照"谁主管，谁负责"的原则进行管理。

（5）防火重点部位必须坚持经常性的防火检查，每月全面检查一次，对检查中发现的问题应及时进行整改并做好记录。

（6）防火重点部位为禁止明火区，如需动火工作时，必须严格执行动火工作票制度。

（7）重要设施、油库区域、器材仓库等防火重点部位应配备自动报警及自动灭火装置。

五、消防安全宣传教育、培训

（1）消防教育培训工作由单位消防负责人负责领导，应受当地公安、消防监督部门或公安消防队的指导，日常工作由消防管理部门负责管理。

（2）各部门应通过各种形势开展经常性的消防安全法律、法规，消防安全知识教育。

（3）建立和健全消防自救义务知识，根据不同季度和单位的实际情况，定期组织义务消防员进行短期学习消防知识和灭火训练，义务消防队员每年集中训练不少于一次。

（4）各部门应当组织新上岗员工和已进入岗位的员工，进行上岗前的消防安全培训。

（5）各部门消防安全宣传、教育、培训内容：本单位、本部门、本岗位的火灾危险性和防火措施；有关消防设施的消防性能、灭火器材的使用方法；报警、扑救初起火灾以及自救逃生的知识和措施；公众聚集场所对员工的消防安全知识培训每半年进行一次，培训的内容还应当包括组织、引导在场人员的知识和技能。

（6）灭火、应急疏散预案和演练。

（7）单位消防安全重点部位应制定灭火和应急疏散预案，并结合实际，不断完善预案。

（8）单位消防安全重点部位制定的灭火和应急疏散预案应当包括下列内容：① 组织机构，包括灭火行动组、通信联络员、疏散引导组、安全救护组；② 报警和接警处置程序；③ 扑救初起火灾的程序和措施；④ 通信联络、安全救护的程序和措施。

（9）消防安全重点部位按灭火和应急疏散预案，每年进行一次演练。

（10）单位各部门结合本部门实际，确定出本部门的消防安全重点部位，并参照制定相应的应急方案，每年组织一次灭火演练。

（11）消防演练时，应当设置明显标识并事先告知演练范围内的人员。

六、奖励与考核

（1）公司将消防安全工作纳入内部检查、考核、评比。对在消防安全工作中成绩突出的部门（班组）和个人，公司给予表彰和奖励。

（2）对违反消防安全管理规定的员工和外来施工单位及外来人员的处罚，由公司安监部查处，并对所属单位进行加倍处罚。

（3）公司安监部门负责对全公司各部门和职工（含所辖临时工）的消防安全处罚考核，及时交公司实施。

（4）由于违反消防安全管理规定，造成严重后果的构成犯罪的，报送上级公安消防机构，依法追究刑事责任。

第三章　工程建设的消防管理

第一节　工程的设计审查阶段的消防管理要求

一、建（构）筑物火灾危险性分类、耐火等级、防火间距及消防道路

（1）建（构）筑物的火灾危险性分类及耐火等级应符合表3-1规定。

表3-1　　　　　　　　　建（构）筑物的火灾危险性分类及耐火等级表

建筑物名称		火灾危险性分类	耐火等级
主控通信楼		戊	二级
继电器室		戊	二级
电缆夹层		丙	二级
配电装置楼	单台设备油量60kg以上	丙	二级
	单台设备油量60kg以下	丁	二级
	无含油电气设备	戊	二级
屋外配电装置	单台设备油量60kg以上	丙	二级
	单台设备油量60kg以下	丁	二级
	无含油电气设备	戊	二级
油浸变压器室		丙	一级
气体或干式变压器		丁	二级
电容器室（有可燃介质）		丙	二级
干式电容器		丁	二级
油浸电抗器		丙	二级
干式铁芯电抗器室		丁	二级
总事故贮油室		丙	一级
生活、消防水泵房		戊	二级
雨淋阀室、泡沫设备室		戊	二级
污水、雨水泵房		戊	二级

（2）建（构）筑物构件的燃烧性能和耐火极限，应符合现行国家标准《建筑设计防火规范》（GB 50016）的有关规定。

（3）变电站内各建（构）筑物及设备的防火间距不应小于表 3-2 的规定。

表 3-2　　　　　　　变电站内建（构）筑物及设备的防火间距　　　　　　（m）

建（构）筑物名称			丙、丁、戊类生产建筑 耐火等级		屋外配电装置 每组断路器油量（t）		可燃介质电容器（室、棚）	总事故贮油池	生活建筑 耐火等级	
			一、二级	三级	<1	≥1			一、二级	三级
丙、丁、戊类生产建筑	耐火等级	一、二级	10	12	10	10	10	5	10	12
		三级	12	14					12	14
屋外配电装置	每组断路器油量（t）	<1	—		—	—	10	5	10	12
		≥1	10							
油浸变压器	单台设备油量（t）	5~10	10		不应小于 5m		10	5	15	20
		>10~50							20	25
		>50							25	30
可燃介质电容器（室、棚）			10		10		—	5	15	20
总事故贮油池			5		5		5	—	10	12
生活建筑	耐火等级	一、二级	10	12	10		15	10	6	7
		三级	12	14	12		20	12	7	8

（4）当变电站内建筑的火灾危险性为丙类且建筑的占地面积超过 3000m² 时，变电站内的消防车道宜布置成环形；当为尽端式车道时，应设回车场地或回车道。消防车道宽度及回车场的面积应符合现行国家标准《建筑设计防火规范》（GB 50016）的有关规定。

二、建（构）筑物的安全疏散和建筑构造

（1）变压器室、电容器室、蓄电池室、配电装置室、继电器室、通信远动机房、电缆层的门应向疏散方向开启；当门外为公共走道或其他房间时，该门应采用乙级防火门。配电装置室的中间隔墙上的门应采用由不燃烧材料制作的双向弹簧门。

（2）建筑面积超过 250m² 的主控室、配电装置室、继电器室、变压器室、电容器室、电缆层的疏散出口不宜少于 2 个，楼层的第二出口可设在固定楼梯的室外平台处。配电装置室的长度超过 60m 时，应增设一个中间疏散出口。

（3）地下变电站每个防火分区的建筑面积不应大于 1000m²。设置自动灭火系统的防火分区，其防火分区的面积可增大 1.0 倍；当局部设置自动灭火系统时，增加面积可按该局部面积的 1.0 倍计算。

（4）变压器室之间、变压器与配电室之间，应采用耐火极限不低于 2.00h 的不燃烧体

墙体隔开。

（5）地下变电站楼梯间应设置不低于乙级防火门，并向疏散方向开启。

三、变压器及其他带油电气设备

（1）带油电气设备的防火、防爆、挡油、排油设计，应符合《火力发电厂与变电站防火设计规范》的有关规定。（详见后文）

（2）地下变电站的变压器应设置能贮存最大一台变压器油量的事故贮油池。

四、电缆及电缆敷设

（1）电缆从室外进入室内的入口处、电缆竖井的出入口处、电缆接头处、主控制室与电缆夹层之间以及长度超过 100m 的电缆沟或电缆隧道，均应采取防止电缆火灾蔓延的阻燃或分隔措施，并应根据变电站的规模及重要性采取下列一种或数种措施：

1）采用防火隔墙或隔板，并用防火材料封堵电缆通过的空洞。

2）电缆局部涂料或局部采用防火带、防火槽盒。

（2）220kV 及以上变电站，当电力电缆与控制电缆或通信电缆敷设在同一电缆沟或电缆隧道内时，宜采用防火槽盒或防火隔板进行分隔。

（3）地下变电站电缆夹层宜采用 C 类或 C 类以上的阻燃电缆。

五、消防给水、灭火设施及火灾自动报警

（1）变电站、换流站和开关站应设置消防给水系统和消火栓。消防水源应有可靠保证，同一时间按一次火灾考虑，供水水量和水压应满足一次最大灭火用水，用水量应为室内和室外（如有）消防用水量之和。变电站、换流站和开关站内的建筑物耐火等级不低于二级，体积不超过 3000m³，且火灾危险性为戊类时，可不设消防给水。

（2）设有给水的变电站、换流站和开关站应设置带消防水泵、稳压设施和消防水池的临时（稳）高压给水系统、消防水泵应设置备用泵、备用泵流量和扬程不应小于最大一台消防泵的流量和扬程。

（3）变电站的规划和设计，应同时设计消防给水系统。消防水源应有可靠的保证。当生产、生活用水量达到最大时，市政给水管道、进水管或天然水源不能满足室内外消防用水量应设置消防水池。

1）变电站建筑室外消防用水量的规定如表 3－3 所示。

表 3－3　　　　　　　　　　变电站建筑室外消防用水量　　　　　　　　　（L/s）

建筑耐火等级	建筑物危险性类别	建筑物体积（m³）				
		1500	1500～3000	3001～5000	5001～20 000	20 001～50 000
一、二级	丙类	≥10	≥15	≥20	≥25	≥30
	丁、戊类	≥10	≥10	≥10	≥15	≥15

2）变电站建筑室内消防用水量规定如表 3－4 所示。

表 3-4 变电站建筑室内消防用水量

建筑物名称	高层、层数、体积	消火栓用水量（L/s）	同时使用水枪数量（支）	每支水枪最小流量（L/s）	每根竖管最小流量（L/s）
主控通信楼、配电装置楼、继电器室、变压器室、电容器室、电抗器室	高度≤24m 体积≤10 000m³	≥5	≥2	≥2.5	≥5
	高度≤24m 体积≥10 000m³	≥10	≥2	≥5	≥10
	高度24～50m	≥25	≥5	≥5	≥15
其他建筑	高度≥6层或体积≥10 000m³	≥15	≥3	≥5	≥10

3）消防水池和消防水泵。主变压器设水喷雾灭火时，消防水池的容量应满足 0.4h 水喷雾灭火和室外消火栓的用水总量。室外消火栓用水量不应小于 10L/s。消防水池的补水时间不宜超过 48h，对于缺水地区不应超过 96h。

独立建造的消防水泵房，其耐火等级不应低于二级。消防水泵房设置在首层时，其疏散门宜直通室外；设置在地下层时，其疏散门应靠近安全出口。消防水泵应保证在火警后30s 内启动。消防水泵与动力机械应直接连接。消防水泵按一运一备或二运一备比例设置备用泵，备用泵的流量和扬程不应小于最大 1 台消防泵的流量和扬程。应有备用电源和自动切换装置。

（4）灭火设施主要包括消火栓、水喷雾系统、合成型泡沫喷雾灭火系统、气体灭火系统等。

1）室内消火栓的布置应保证有两支水枪的充实水柱同时到达室内任何部位。室外消火栓采取同一规格型号消火栓，消火栓距路边不应大于 2m，距房屋外墙不宜小于 5m，主变压器区域宜布置在主变压器对侧。

2）水喷雾灭火系统的设计，应符合《水喷雾灭火系统设计规范》（GB 50219）的有关规定。

3）灭火器的设计应符合《建筑灭火器配置设计规范》（GB 50140）的有关规定。

（5）火灾自动报警系统由火灾报警控制器、点式离子感烟探测器、警铃报警器、手动报警按钮及相关信号输入/输出模块等设备组成。

1）火灾自动报警系统的设计，应符合《火灾自动报警系统设计规范》（GB 50116）的有关规定。

2）下列场所和设备应采用火灾自动报警系统：

a. 主控通信室、配电装置室、可燃介质电容器室、继电器室。

b. 地下变电站、无人值班变电站，其主控通信室、配电装置室、可燃介质电容器室、继电器室应设置火灾自动报警系统，无人值班变电站应将火警信号传至上级有关单位。

c. 采用固定灭火系统的油浸变压器。

d. 地下变电站油浸变压器。

e. 220kV 及以上变电站的电缆夹层及电缆竖井。

f. 地下变电站、户内无人值班的变电站的电缆夹层及电缆竖井。

六、采暖、通风和空气调节

（1）地上变电站的通风应符合下列规定：

1）配电装置室、变压器室、蓄电池室、电容器室、电抗器室应设置事故排风机，其电源开关应设在发生火灾时能安全方便切断的位置。

2）当几个屋内配电装置室共设一个通风系统时，应在每个房间的送风支风道上设置防火阀。

3）变压器室的通风系统应与其他通风系统分开，变压器室之间的通风系统不应合并。凡具有火灾探测器的变压器室，当发生火灾时，应能自动切断通风机的电源。

4）当蓄电池室采用机械通风时，室内空气不应再循环，室内应保持负压。

5）蓄电池室送风设备和排风设备不应布置在同一风机室内；当采用新风机组，送风设备在密闭箱体内时，可与排风设备布置在同一个房间。

6）采用机械通风系统的电缆夹层，当发生火灾时应立即切断通风机电源。通风系统的风机应与火灾自动报警系统联锁。

（2）地下变电站采暖、通风和空气调节应符合下列规定：

1）所有采暖区域严禁采用明火取暖。

2）地下变电站的电气配电装置室应设置机械排烟装置，其他房间宜设置自然或机械排烟设施。

3）地下变电站的送、排风系统、空调系统应与火灾自动报警系统联锁，当发生火灾时应能自动停止运行。当消防系统采用气体灭火系统时，穿过防护区的通风或空调风道上的防火阀应能自动关闭。

（3）地下变电站的空气调节应符合下列规定：

1）计算机室、控制室、电子设备间应设排烟设施；机械排烟系统的排烟量可按房间换气次数每小时不少于 6 次计算。

2）空气调节系统的送、回风道，在穿越重要房间或火灾危险性大的房间时应设置防火阀。防火阀动作动温度应为 70℃。

3）空气调节风道不宜穿过防火墙和楼板，当必须穿过时，应在穿过处风道内设置防火阀。穿过防火墙两侧各 2m 范围内的风道应采用不燃烧材料保温，穿过处的空隙应采用防火材料封堵。

4）空气调节系统的送风机、回风机应与消防系统联锁，当出现火警时，应立即停运。

5）空气调节系统的新风口应远离废气口和其他火灾危险区的烟气排气口。

6）空气调节系统的电加热器应与送风机联锁，并应设置超温断电保护信号。

7）空气调节系统的风道及其附件应采用不燃烧材料制作。

8）空气调节系统风道的保温材料、冷水管道的保温材料、消声材料及其粘结剂，应采用不燃烧材料或者难燃烧材料。

七、消防供电及应急照明

（1）变电站的消防供电应符合下列规定：

1）消防水泵、电动阀门、火灾探测报警与灭火系统、火灾应急照明应按Ⅱ类负荷供电。

2）消防电源采用双电源或双回路供电，应在供电至末级配电箱进行自动切换，并应配置必要的控制回路和备用设备，保证切换的可靠性。

3）消防用电设备应采用单独的供电回路，当发生火灾切断生产、生活用电时，仍应保证消防用电，其配电设备应设置明显标志。

4）消防用电设备的配电线路应满足火灾时连续供电的需要。

（2）火灾应急照明和疏散标志应符合下列规定：

1）户内变电站、户外变电站主控通信室、配电装置室、消防水泵房和建筑疏散通道应设置应急照明。

2）地下变电站的主控通信室、配电装置室、变压器室、继电器室、消防水泵房、建筑疏散通道和楼梯间应设置应急照明。

3）事故照明或应急照明灯、安全出口、疏散指示标志的电源线路应单独敷设，采用穿金属管、硬质塑料管保护在墙体内暗线敷设。

4）应急照明可采用蓄电池作备用电源，其连续供电时间不应少于 20min。

第二节　工程施工期间的消防管理要求

（1）新建、改造消防工程的施工单位，施工单位必须具备国家二级以上的消防安装企业资质、许可证及相应的项目经理资质证书，项目经理资质证书方可施工，否则一律不得施工。

（2）施工单位在施工前必须与业主单位签订施工安全责任协议书，同时报送施工组织措施和技术措施交业主和监理单位各一份，经业主或监理单位审查同意后，施工单位方可进行施工。

（3）施工设计图纸经消防部门，业主部门审批后，施工单位和个人不得随意更改。如施工单位确需更改设计图纸，按下列程序进行。

1）施工单位向业主或监理单位提出书面申请，提出设计图纸必须更改理由和具体范围。

2）业主或监理单位接到报告后必须立即派人到现场进行勘察，并针对施工单位的申请进行详细审查。如认为确有必要则与设计部门联系更改图纸事宜。

3）修改的图纸应报当地消防部门进行复审。

4）在图纸未修改完毕之前不得擅自进行施工，而应等图纸修改完毕后再施工。

（4）施工单位对于隐蔽工程的施工，必须保质保量的进行。对隐蔽工程进行施工时，必须有业主或监理单位现场监督人员在场，否则不得进行施工。对隐蔽工程进行施工后必须由业主和监理单位先行验收，并在验收单上签字后方可继续施工，验收单和隐蔽工程施工记录必须妥善保存。

（5）施工单位在施工过程中必须向业主和监理单位报每日施工进度表，施工单位在施工安排中如有变化必须及时以书面形式报告业主或监理单位，并取得业主或监理单位的同意。

（6）施工单位在施工中必须服从监理和监护人员的监督和管理，并与监护人员派出单位签订安全监护协议书，以确保人身和设备运行安全，防止意外事件发生。

（7）施工单位的施工人员必须经业主单位安全业务培训，经考试合格取得上岗证，持证进入场地施工。

第三节　工程竣工验收的消防管理要求

（1）公安部自 2012 年 11 月 1 日起施行的《建设工程消防监督管理规定》消防设计审核和消防验收明确：

1）对具有下列情形之一的特殊建设工程，建设单位应当向公安机关消防机构申请消防设计审核，并在建设工程竣工后向出具消防设计审核意见的公安机关消防机构申请消防验收：第（二）款：国家机关办公楼、电力调度楼、电信楼、邮政楼、防灾指挥调度楼、广播电视楼、档案楼；第（五）款：城市轨道交通、隧道工程，大型发电、变配电工程；

2）建设单位申请消防设计审核应当提供下列材料：

a. 建设工程消防设计审报表；

b. 建设单位的工商营业执照等合法身份证明文件；

c. 设计单位资质证明文件；

d. 消防设计文件；

e. 法律、行政法规规定的其他材料。

3）建设单位申请消防验收应当提供下列材料：

a. 建设工程消防验收申报表；

b. 工程竣工验收报告和有关消防设施的工程竣工图纸；

c. 消防产品质量合格证明文件；

d. 具有防火性能要求的建筑构件、建筑材料、装修材料符合国家标准或者行业标准的证明文件、出厂合格证；

e. 消防设施检测合格证明文件；

f. 施工、工程监理、检测单位的合法身份证明和资质等级证明文件；

g. 建设单位的工商营业执照等合法身份证明文件；

h. 法律、行政法规规定的其他材料。

（a）公安机关消防机构应当自受理消防验收申请之日起二十日内组织消防验收，并出具消防验收意见。

（b）公安机关消防机构对申报消防验收的建设工程，应当依照建设工程消防验收评定标准对已经消防设计审核合格的内容组织消防验收。

（2）公安部自 2012 年 11 月 1 日起施行的《建设工程消防监督管理规定》消防设计和竣工验收的备案抽查明确：

1）建设单位应当在取得施工许可、工程竣工验收合格之日起七日内，通过省级公安机关消防机构网站进行消防设计、竣工验收消防备案，或者到公安机关消防机构业务受理场所进行消防设计、竣工验收消防备案。

2）建设单位在进行建设工程消防设计或者竣工验收消防备案时，应当分别向公安机关消防机构提供备案申报表、本规定第十五条规定的相关材料及施工许可文件复印件或者本规定第二十一条规定的相关材料。按照住房和城乡建设行政主管部门的有关规定进行施工图审查的，还应当提供施工图审查机构出具的审查合格文件复印件。

3）依法不需要取得施工许可的建设工程，可以不进行消防设计、竣工验收消防备案。

4）公安机关消防机构收到消防设计、竣工验收消防备案申报后，对备案材料齐全的，应当出具备案凭证；备案材料不齐全或者不符合法定形式的，应当当场或者在五日内一次告知需要补正的全部内容。

5）公安机关消防机构应当在已经备案的消防设计、竣工验收工程中，随机确定检查对象并向社会公告。对确定为检查对象的，公安机关消防机构应当在二十日内按照消防法规和国家工程建设消防技术标准完成图纸检查，或者按照建设工程消防验收评定标准完成工程检查，制作检查记录。检查结果应当向社会公告，检查不合格的，还应当书面通知建设单位。

6）建设单位收到通知后，应当停止施工或者停止使用，组织整改后向公安机关消防机构申请复查。公安机关消防机构应当在收到书面申请之日起二十日内进行复查并出具书面复查意见。

7）建设、设计、施工单位不得擅自修改已经依法备案的建设工程消防设计。确需修改的，建设单位应当重新申报消防设计备案。

8）建设工程的消防设计、竣工验收未依法报公安机关消防机构备案的，公安机关消防机构应当依法处罚，责令建设单位在五日内备案，并确定为检查对象；对逾期不备案的，公安机关消防机构应当在备案期限届满之日起五日内通知建设单位停止施工或者停止使用。

第四节　工程运行的消防管理要求

消防工程在日常运行中应根据"四个能力建设"要求，制定相应消防管理要求。

（1）应建立健全各项消防管理制度，现场应具备消防系统操作规程和灭火处理预案。

（2）应设立消防安全重点单位或部位的标志；确保变电站道路消防通道畅通；对火灾隐患，应当及时反映并予以消除。

（3）根据消防"三懂三会"应定期开展消防演练，每半年不少于一次。应针对不同消防重点部位制定灭火处理预案，并组织全员参与演练，不断完善预案。消防演练过程应做好记录。

消防工程运行期间至少每月一次对消防设施（即灭火器、消防水带、正压式呼吸器、火灾自动报警装置、主变压器 SP 泡沫灭火自动装置）进行一次全面检查并记录。

消防设施、系统发生缺陷时应由运行人员及时上报通知施工单位消缺。

第四章 常用的消防设施设备

第一节 消防报警系统

火灾自动报警系统是火灾探测报警与消防联动控制系统等的简称，是以实现火灾早期探测和报警、向各类消防设备发出控制信号并接收设备反馈信号，进而实现火灾预防和自动灭火功能的一种自动消防设施。

火灾自动报警系统与自动灭火系统、应急照明系统、防排烟系统、疏散指示系统、防火门及防火卷帘门系统等其他消防分类设备一起构成完整的建筑消防系统。火灾自动报警系统由火灾探测报警系统、消防联动控制系统、可燃气体探测报警系统及电气火灾监控系统组成。

图 4-1 为火灾自动报警系统组成示意图。

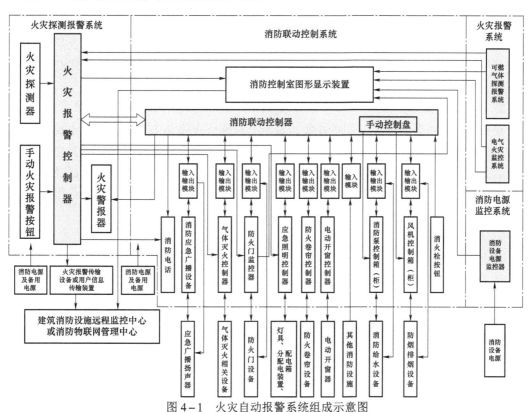

图 4-1 火灾自动报警系统组成示意图

一、火灾探测报警系统

火灾探测报警系统（见图4-2）由火灾报警控制器、触发器件和火灾警报装置等组成，能及时、准确地探测保护对象的初起火灾，并做出报警响应，告知建筑中的人员火灾的发生，从而使建筑中的人员有足够的时间在火灾发展到危害生命安全的程度时疏散至安全地带，是保障人员生命安全的最基本的建筑消防系统。

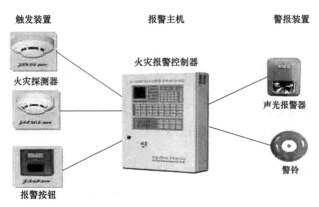

图4-2 火灾探测报警系统

1. 触发器件

在火灾自动报警系统中，自动或手动产生火灾报警信号的器件称为触发器件，主要包括火灾探测器和手动报警按钮。火灾探测器是能对火灾参数（如烟、温度、火焰辐射、气体浓度等）响应，并自动产生火灾报警信号的器件。手动报警按钮是手动方式产生火灾报警信号、启动火灾自动报警系统的器件。

2. 火灾报警装置

在火灾自动报警系统中，用以接收、显示和传递火灾报警信号，并能发出控制信号和具有其他辅助功能的控制指示设备称为火灾报警装置。火灾报警控制器就是其中最基本的一种。火灾报警控制器担负着为火灾探测器提供稳定的工作电源；监视探测器及系统自身的工作状态；接收、转换、处理火灾探测器输出的报警信号；进行声光报警；指示报警的具体部位及时间；同时执行相应辅助控制等诸多任务。

3. 火灾警报装置

在火灾自动报警系统中，用以发出区别于环境声、光的火灾警报信号的装置称为火灾警报装置，火灾警报器是一种最基本的火灾警报装置，通常与火灾报警控制器组合在一起，它以声、光音响方式向报警区域发出火灾警报信号，以警示人们采取安全疏散、灭火救灾措施。

二、消防联动控制系统

消防联动控制系统（见图4-3）由消防联动控制器、消防控制室图形显示装置、消防电气控制装置、消防电动装置、消防联动模块、消防应急广播设备、消防电话等设备和组件组成。在火灾发生时，联动控制器按设定的控制逻辑准确发出联动控制信号给消防泵、喷淋泵、防火门、防火阀、防排烟阀和通风等消防设备，完成对灭火系统、疏散指示系统、防排烟系统及防火卷帘等其他消防有关设备的控制功能。当消防设备动作后将动作信号反馈给消防控制室并显示，实现对建筑消防设施的状态监视功能，即接收来自消防联动现场设备以及火灾自动报警系统以外的其他系统的火灾信息或其他信息的触发和输入功能。

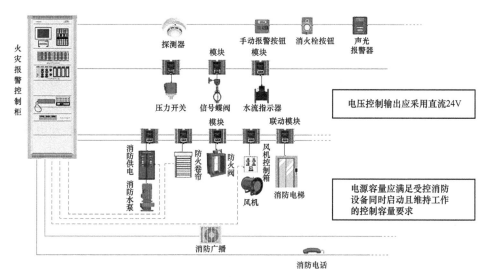

图 4-3 消防联动控制系统

1. 消防联动控制器

消防联动控制器是消防联动控制系统的核心组件。它通过接收火灾报警控制器发出的火灾报警信息，按预设逻辑对建筑中设置的自动消防设施进行联动控制。消防联动控制器可直接发出控制信号，通过驱动装置控制现场的受控设备；对于控制逻辑复杂且在消防联动控制器上不便实现直接控制的情况，可通过消防电气控制装置间接控制受控设备，同时接收自动消防设施动作的反馈信号。

2. 消防控制室图形显示装置

消防控制室图形显示装置用于接收并显示保护区域内的火灾探测报警及联动控制系统、消火栓系统、自动灭火系统、防排烟系统、防火门及卷帘系统、电梯、消防电源、消防应急照明和疏散指示系统、消防通信等各类消防系统及系统中的各类消防设备运行的动态信息和消防管理信息，同时还具有信息传输和记录功能。

3. 消防电气控制装置

消防电气控制装置的功能是控制各类消防电气设备，它一般通过手动或自动的工作方式来控制各类消防泵、防排烟风机、电动防火门、电动防火窗、防火卷帘、电动阀等各类电动消防设施的控制装置及双电源互换装置，并将相应设备的工作状态反馈给消防联动控制器进行显示。

4. 消防电动装置

消防电动装置的功能是实现电动消防设施的电气驱动或释放,它是包括电动防火门窗、电动防火阀、电动防排烟阀、气体驱动器等电动消防设施的电气驱动或释放装置。

5. 消防联动模块

消防联动模块是用于消防联动控制器和其所连接的受控设备或部件之间信号传输的设备,包括输入模块、输出模块和输入输出模块。输入模块的功能是接收受控设备或部件的信号反馈并将信号输入到消防联动控制器中进行显示,输出模块的功能是接收消防联动控制器的输出信号并发送到受控设备或部件,输入输出模块则同时具备输入模块和输出模块的功能。

6. 消防应急广播设备

消防应急广播设备由控制和指示装置、声频功率放大器、传声器、扬声器、广播分配装置、电源装置等部分组成,是在火灾或意外事故发生时通过控制功率放大器和扬声器进行应急广播的设备,它的主要功能是向现场人员通报火灾发生,指挥并引导现场人员疏散。

7. 消防电话

消防电话是用于消防控制室与建筑物中各部位之间通话的电话系统。它由消防电话总机、消防电话分机、消防电话插孔构成。消防电话是与普通电话分开的专用独立系统,一般采用集中式对讲电话,消防电话的总机设在消防控制室,分机分设在其他各个部位。其中消防电话总机是消防电话的重要组成部分,能够与消防电话分机进行全双工语音通信。消防电话分机设置在建筑物中各关键部位,能够与消防电话总机进行全双工语音通信;消防电话插孔安装在建筑物各处,插上电话手柄就可以与消防电话总机通信。

三、火灾自动报警系统工作原理

在火灾自动报警系统中,火灾报警控制器和消防联动控制器是核心组件,是系统中火灾报警与警报的监控管理枢纽和人机交互平台。

1. 火灾探测报警系统

火灾发生时,安装在保护区域现场的火灾探测器,将火灾产生的烟雾、热量和光辐射等火灾特征参数转变为电信号,经数据处理后,将火灾特征参数信息传输至火灾报警控制器;或直接由火灾探测器做出火灾报警判断,将报警信息传输到火灾报警控制器。火灾报警控制器在接收到探测器的火灾特征参数信息或报警信息后,经报警确认判断,显示报警探测器的部位,记录探测器火灾报警的时间。处于火灾现场的人员,在发生火灾后可立即触动安装在现场的手报火灾报警按钮,手动报警按钮便将报警信息传输到火灾报警控制器,火灾报警控制器在接收到手动火灾报警按钮的报警信息后,经报警确认判断,显示动作的手动报警按钮的部位,记录手动火灾报警按钮的时间。火灾报警控制器再确认火灾探测器和手动火灾报警按钮的报警信息后,驱动安装在被保护区域现场的火灾警报装置,发出火灾警报,向处于被保护区域的人员警示火灾的发生。

火灾探测报警系统工作原理如图4-4所示。

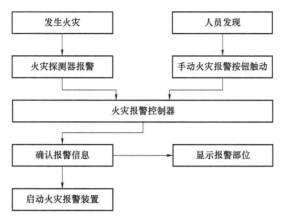

图4-4　火灾探测报警系统工作原理

2. 消防联动控制系统

火灾发生时，火灾探测器和手动火灾报警按钮的报警信号等联动触发信号传输至消防联动控制器，消防联动控制器按照预设的逻辑关系对接收到的触发信号进行识别判断，在满足逻辑关系条件时，消防联动控制器按照预设的控制时序启动相应自动消防设施，实现预设的消防功能；消防控制室的消防管理人员也可以通过操作消防联动控制器的手动控制盘直接启动相应的消防设施，从而实现相应消防设施预设的消防功能。消防联动控制接收并显示消防设施动作的反馈信息。

消防联动控制系统工作原理如图4-5所示。

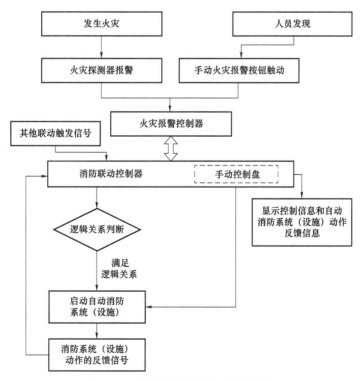

图4-5　消防联动控制系统工作原理

四、变电站中应采用火灾自动报警系统的场所和设备

（1）主控通信室、配电装置室、可燃介质电容器室、继电器室。

（2）采用固定灭火系统的油浸变压器。

（3）地下变电站的油浸变压器。

（4）220kV 及以上变电站的电缆夹层及电缆竖井。

（5）地下变电站、户内无人值班的变电站的电缆夹层及电缆竖井。

第二节　消防灭火系统

一、维护管理要求

1. 自动喷水灭火系统维护管理要求（见 GB 50261—2005）

（1）自动喷水灭火系统应具有管理、检测、维护规程，并应保证系统处于准工作状态。维护管理工作，应按表 4-1 的要求进行。

表 4-1　　　　　　　　　　　自动喷水灭火系统维护管理工作检查项目

部　位	工　作　内　容	周　期
水源控制阀，报警控制装置	目测巡检完好状况及开闭状态	每日
电源	接通状态，电压	每日
内燃机驱动消防水泵	启动试运转	每月
喷头	检查完好状况，清除异物、备用量	每月
系统所有控制阀门	检查铅封、锁链完好状况	每月
电动消防水泵	启动试运转	每月
消防气压给水设备	检测气压、水位	每月
蓄水池、高位水箱	检测水位及消防储备水不被他用的措施	每月
电磁阀	启动试验	每月
水泵接合器	检查完好状况	每月
水流指示器	试验报警	每季
室外阀门井中控制阀门	检查开启状况	每季
报警阀，试水阀	放水试验，启动性能	每季
水源	测试供水能力	每年
水泵接合器	通水试验	每年
过滤器	排渣、完好状态	每年
储水设备	检查结构材料	每年
系统联动试验	系统运行功能	每年
设置储水设备的房间	检查室温	寒冷季节每天

（2）维护管理人员应经过消防专业培训，应熟悉自动喷水灭火系统的原理、性能和操作维护规程。

（3）每年应对水源的供水能力进行一次测定。

（4）消防水泵或内燃机驱动的消防水泵应每月启动运转一次。当消防水泵为自动控制启动时，应每月模拟自动控制的条件启动运转一次。

（5）电磁阀应每月检查并应作启动试验，动作失常时应及时更换。

（6）每个季度应对系统所有的末端试水阀和报警阀旁的放水试验阀进行一次放水试验，检查系统启动、报警功能以及出水情况是否正常。

（7）系统上所有的控制阀门均应采用铅封或锁链固定在开启或规定的状态。每月应对铅封、锁链进行一次检查，当有破坏或损坏时应及时修理更换。

（8）室外阀门井中，进水管上的控制阀门应每个季度检查一次，核实其处于全开启状态。

（9）自动喷水灭火系统发生故障，需停水进行修理前，应向主管值班人员报告，取得维护负责人的同意，并临场监督，加强防范措施后方能动工。

（10）维护管理人员每天应对水源控制阀、报警阀组进行外观检查，并应保证系统处于无故障状态。

（11）消防水池、消防水箱及消防气压给水设备应每月检查一次，并应检查其消防储备水位及消防气压给水设备的气体压力。同时，应采取措施保证消防用水不作他用，并应每月对该措施进行检查，发现故障应及时进行处理。

（12）消防水池、消防水箱、消防气压给水设备内的水应根据当地环境、气候条件不定期更换。

（13）寒冷季节，消防储水设备的任何部位均不得结冰。每天应检查设置储水设备的房间，保持室温不低于5℃。

（14）每年应对消防储水设备进行检查，修补缺损和重新油漆。

（15）钢板消防水箱和消防气压给水设备的玻璃水位计，两端的角阀在不进行水位观察时应关闭。

（16）消防水泵接合器的接口及附件应每月检查一次，并应保证接口完好、无渗漏、闷盖齐全。

（17）每月应利用末端试水装置对水流指示器进行试验。

（18）每月应对喷头进行一次外观及备用数量检查，发现有不正常的喷头应及时更换，当喷头上有异物时应及时清除。更换或安装喷头均应使用专用扳手。

（19）建筑物、构筑物的使用性质或贮存物安放位置、堆存高度的改变，影响到系统功能而需要进行修改时，应重新进行设计。

2. 合成型泡沫喷雾灭火系统维护要求（见 CECS 156—2004）

（1）合成型泡沫喷雾灭火系统应有管理维护规程并由专业人员进行日常维护管理。

（2）维护管理工作可按表4-2进行。

表 4－2 维 护 管 理 工 作

部　　位	工 作 内 容	周　　期
储液罐	目测巡检完好状况	每月
启动源	目测巡检完好状况检查铅封完好状况	每月
	检测压力值不应小于 4MPa	每月
氮气动力源	目测巡检完好状况检查铅封完好状况	每月
	检测压力值不应小于 8MPa	每月
控制阀	目测巡检完好状况和开闭状态	每月
水雾喷头	目测巡检完好状况	每月
排放阀	目测巡检完好状况和开闭状态	每月
压力表	目测巡检完好状况	每月
减压阀	目测巡检完好状况	每月
专用房	检查室温	寒冷季节每天

（3）泡沫液预混液有效期不宜小于 3 年。

3. 七氟丙烷灭火系统维护管理要求

（1）每月检查保养各套气体灭火控制器，测试其功能是否正常；

（2）每周检查启动瓶和药剂贮瓶的压力是否符合出厂充装压力和设计要求（压力表指针是否在绿区），有无泄漏现象；

（3）每月检查试验手动、自动紧急启、停放气装置功能是否正常；

（4）每年至少一次对电磁阀、瓶头阀解体清洗，加硅油润滑；

（5）每月模拟自动报警系统中的烟、温感探测器同时动作，通风空调是否停止，防火阀是否关闭，检查气瓶的电磁阀是否在规定的时间内动作，控制屏是否有放气信号，消防中心是否有信号，警铃、蜂鸣器是否动作；

（6）每月检查气体灭火系统启动瓶、药剂瓶有无变形，有无腐蚀、脱漆；

（7）每周检查控制气管有无变形或松脱，检查高压软管有无变形、生锈或老化；

（8）每月检查气体保护区域（防护区）内的围护结构、开口等是否符合要求。

二、水喷雾灭火系统

（一）系统灭火机理

水喷雾灭火系统通过改变水的物理状态，利用水雾喷头使水从连续的洒水状态转变成不连续的细小水雾滴喷射出来。它具有较高的电绝缘性能和良好的灭火性能。水喷雾的灭火机理主要是表面冷却、窒息、乳化和稀释作用，这四种作用在水雾滴喷射到燃烧物质表面时通常是以几种作用同时发生并实现灭火的。

1. 表面冷却

水喷雾灭火系统以水雾滴形态喷出水雾时比直射流形态喷出时的表面积要大几百倍，当水雾滴喷射到燃烧表面时，因换热面积大而会吸收大量的热能并迅速汽化，使燃烧物质表面温度迅速降到物质热分解所需的温度以下。热分解中断，燃烧即终止。

表面冷却的效果不仅取决于喷雾液滴的表面积，还取决于灭火用水的温度与可燃物闪点的温度差。可燃物的闪点越高，与喷雾用水之间的温差越大，冷却效果就越好。对于气体和闪点低于灭火所使用水的温度的液体火灾，表面冷却是无效的。

2. 窒息

水雾滴受热后汽化形成体积为原体积 1680 倍的水蒸气，可使燃烧物质周围空气中的氧含量降低，燃烧将会因缺氧而受到抑制或中断。实现窒息灭火的效果取决于能否在瞬间生成足够的水蒸气并完全覆盖整个着火面。

3. 乳化

乳化只适用于不溶于水的可燃液体，当水雾滴喷射到正在燃烧的液体表面时，由于水雾滴的冲击，在液体表面造成搅拌作用，从而造成液体表面的乳化，由于乳化层的不燃性而使燃烧中断。对于某些轻质油类，乳化层只在连续喷射水雾的条件下存在，但对于黏度大的重质油类，乳化层在喷射停止后仍能保持相当长的时间，有利于防止复燃。

4. 稀释

对于水溶性液体火灾，可利用水来稀释液体，使液体的燃烧速度降低而较易扑灭。灭火的效果取决于水雾的冷却、窒息和稀释的综合效应。

（二）系统工作原理

水喷雾灭火系统的工作原理：当系统的火灾探测器发现火灾后，自动或手动打开雨淋报警阀组，同时发出火灾报警信号给报警控制器，并启动消防水泵，通过供水管网到达水雾喷头，水雾喷头喷水灭火。水喷雾灭火系统的工作原理如图 4-6 所示，水喷雾灭火系统工作示意图如图 4-7 所示。

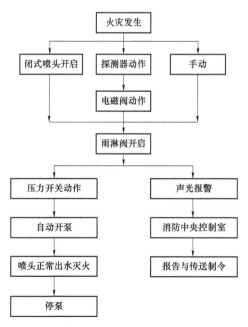

图 4-6　水喷雾灭火系统原理图

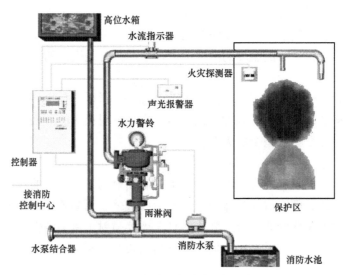

图 4-7　水喷雾灭火系统工作示意图

（三）系统适用范围

水喷雾灭火系统的防护目的主要有灭火和防护冷却两大类，其适用范围随不同的防护目的而设定。

1. 灭火的适用范围

以灭火为目的的水喷雾灭火系统主要适用于以下范围。

（1）固体火灾。水喷雾灭火系统适用于扑救固体物质火灾。

（2）可燃液体火灾。水喷雾灭火系统可用于扑救丙类液体火灾和饮料酒火灾。如燃油锅炉、发电机油箱、丙类液体输油管道火灾等。

（3）电气火灾。水喷雾灭火系统的离心雾化喷头喷出的水雾具有良好的电气绝缘性，因此可用于扑救油浸式电力变压器、电缆隧道、电缆沟、电缆井、电缆夹层等处发生的电气火灾。

2. 防护冷却的适用范围

以防护冷却为目的的水喷雾灭火系统主要适用于以下范围：

（1）可燃气体和甲、乙、丙类液体的生产、储存、装卸、使用设施和装置的防护冷却。

（2）火灾危险性大的化工装置及管道，如加热器、反应器、蒸馏塔等冷却防护。

（四）设置场所

根据应用方式，水喷雾灭火系统可设置在不同的场所和部位。

1. 可设置固定式水喷雾灭火系统的场所

（1）建筑内的燃油、燃气锅炉房，可燃油油浸电力变压器室，充可燃油的高压电容器和多油开关室，自备发电机房。

（2）单台容量在 40MW 及以上的厂矿企业可燃油油侵电力变压器，单台容量在 90MW 及以上的可燃油油侵电厂电力变压器，单台容量在 125MW 及以上的独立变电所可燃油油侵电力变压器。

2. 自动喷水－水喷雾混合配置系统

自动喷水－水喷雾混合配置系统适用于用水量比较少、保护对象比较单一的室内场所，如建筑室内燃油、燃气锅炉房等。对于设置有自动喷水灭火系统的建筑，为了降低工程造价，可将自动喷水灭火系统的配水干管或配水管作为建筑内局部场所应用的自动喷水—水喷雾混合配置系统的供水管。

3. 泡沫－水喷雾联用系统

泡沫－水喷雾联用系统适用于采用泡沫灭火比采用水灭火效果更好的某些对象，或者灭火后需要进行冷却，防止火灾复燃的场所。例如：某些水溶性液体火灾，采用喷头和喷泡沫均可达到控火的目的，但单独喷水时，虽然控火效果比较好，但灭火时间长，造成的火灾及水渍损失较大；单纯喷泡沫时，系统的运行维护费用又较高。又如，金属构件周围发生的火灾，采用泡沫灭火后，仍需进一步进行防护冷却，防止泡沫灭火后因金属构件温度较高而导致火灾复燃，对于类似场所，可采用泡沫－水喷雾联用系统。目前，泡沫－水喷雾联用系统主要用于公路交通隧道。

（五）不适用范围

1. 不适宜用水扑救的物质

（1）过氧化物。过氧化物是指过氧化钾、过氧化钠、过氧化钡、过氧化镁等。这类物质遇水后会发生剧烈分解反应，放出反应热并生成氧气，其与某些有机物、易燃物、可燃物、轻金属及其盐类化合物接触时能引起剧烈的分解反应，由于反应速度过快可能引起爆炸或燃烧。

（2）遇水燃烧物质。遇水燃烧物质包括金属钾、金属钠、碳化钙、碳化铝、碳化钠、碳化钾等。这类物质遇水后能水分解，夺取水中的氧与之化合，并放出热量和产生可燃气体造成燃烧或爆炸的恶果。

2. 使用水雾会造成爆炸或破坏的场所

（1）高温密闭的容器内或空间内，当水雾喷入时，由于水雾的急剧汽化使容器或空间内的压力急剧升高，有造成破坏或爆炸的危险。

（2）表面温度经常处于高温状态的可燃液体。

（3）当水雾喷射至其表面时会造成可燃液体的飞溅，致使火灾蔓延。

三、气体灭火系统

（一）系统灭火机理

气体灭火系统的灭火机理与气体灭火剂属性有密不可分的关系，不同灭火剂的灭火机理也各不相同，此处主要介绍三类常见气体灭火系统的灭火机理。

1. 二氧化碳灭火系统

二氧化碳灭火主要在于窒息，其次是冷却，在常温常压条件下，二氧化碳的物态为气相，当储存于密封高压气瓶中，低于临界温度 $31.4℃$ 时是以气、液两相共存的。在灭火过程中，二氧化碳从储存气瓶中释放出来，压力骤然下降，得二氧化碳由液态转变成气态，分布于燃烧物的周围，稀释空气中的氧含量，氧含量降低会使燃烧时热的产生率减小，而当热产生率到低于热散失率的程度时，燃烧就会停止，这是二氧化碳所产生的窒息作用。另一方面，二氧化碳释放时因焓降的关系，温度急剧下降，形成细微的固体干冰粒子，干冰吸取其周围的热量而升华，即能产生冷却燃烧物的作用。

2. 七氟丙烷灭火系统

七氟丙烷灭火剂是一种无色无味、不导电的气体，其密度大约是空气密度的 6 倍，在一定压力下呈液态储存。该灭火剂为洁净药剂，释放后不含有粒子或油状的残余物，且不会污染环境和被保护的精密设备。七氟丙烷灭火主要在于它去除热量的速度快以及是灭火剂分散和消耗氧气，七氟丙烷灭火剂是以液态的形式喷射到保护区内的，在喷出喷头时，液态灭火剂迅速转变成气态需要吸收大量的热量，降低了保护区和火焰周围的温度。另一方面，七氟丙烷灭火剂是由大分子组成的，灭火时分子中的一部分键断裂需要吸收能量。另外，保护区内灭火剂的喷射和火焰的存在降低了氧气的浓度，从而降低了燃烧的速度。

3. IG－541 混合气体灭火系统

IG－541 混合气体灭火剂是由氮气、氩气和二氧化碳气体按一定比例混合而成的气体，由于这些气体都在大气层中自然存在，且来源丰富，因此它对大气层臭氧没有损耗（臭氧耗损潜能值 ODP=0），也不会加剧地球的"温室效应"，更不会产生具有长久影响大气的化学物质。混合气体无毒、无色、无味、无腐蚀性及不导电，既不支持燃烧，不与大部分物质产生反应。以环保的角度为看，是一种较为理想的灭火剂。

IG－541 混合气体灭火属于物理灭火方式。混合气体释放后把氧气浓度降低到不能支持燃烧来扑灭火灾。通常防护区空气中含有 21%的氧气和小于 1%的二氧化碳。当防护区中氧气降至 15%以下时，大部分可燃物将停止燃烧。混合气体能把防护区氧气降至 12.5%，同时又把二氧化碳升至 4%。二氧化碳比例的提高，加快人的呼吸速率和吸收氧气的能力，从而来补偿环境气体中氧气的较低浓度。灭火系统中灭火设计浓度不大于 43%时，该系统对人体是安全无害的。

（二）系统的工作原理及控制方式

气体灭火系统主要有自动、手动、机械应急手动和紧急启动/停止四种启动方式，但其工作原理却因其灭火剂种类、灭火方式、结构特点、加压方式和控制方式的不同而各不相同，下面列举部分气体系统。

1. 系统工作原理

（1）高压二氧化碳灭火系统、内储压式七氟丙烷灭火系统与惰性气体灭火系统。当防护区发生火灾时，产生烟雾、高温和光辐射，使感烟、感温、感光等探测器探测到火灾信号，探测器将火灾信号转变为电信号传送到报警灭火控制器，控制器自动发生声光报警并经逻辑判断后，启动联动装置，经过一段时间延时，发出系统启动信号，启动驱动气体瓶组上的容器阀释放驱动气体，打开通向发生火灾的防护区的选择阀，同时打开灭火剂瓶组的容器阀，各瓶组的灭火剂经连接管汇集到集流管，通过选择阀到达安装在防护区内的喷头进行喷放灭火，同时安装在管道上的信号反馈装置动作，将信号传送到控制器，由控制器启动防护区外的释放警示灯和警铃。

另外，通过压力开关监测系统是否正常工作，若启动指令发出，而压力开关的信号未反馈，则说明系统存在故障，值班人员应在听到事故报警后尽快到储瓶间，手动开启储存容器上的容器阀，实施人工启动灭火。

（2）外储压式七氟丙烷灭火系统。控制器发生系统启动信号，启动驱动气体瓶组上的容器阀释放驱动气体，打开通向发生火灾的防护区的选择阀，同时打开加压单元气体瓶组的容器阀，加压气体经减压进入灭火剂瓶组，加压后的灭火剂经连接管汇集到集流管，通过选择阀到达安装在防护区内的喷头进行喷放灭火。

2. 系统控制方式

（1）自动控制方式。灭火控制器配有感烟火灾探测器和定温式感温火灾探测器。控制器上有控制方式选择锁，当将其置于"自动"位置时，灭火控制器处于自动控制状态。当只有一种探测器发出火灾信号时，控制器即发生火警声光信号，通知有异常情况发生，而不启动灭火装置释放灭火剂。如确需启动灭火装置灭火时，可按下"紧急启动按钮"，即可启动灭火装置释放灭火剂，实施灭火。当两种探测器同时发出火灾信号时，控制器发出火灾声光信号，通知有火灾发生，有关人员应撤离现场，并发出联动指令，关闭风机、防火阀等联动设备，经过一段时间延时后，即发出灭火指令，打开电磁阀，启动气体打开容器阀，释放灭火剂，实施灭火；如在报警过程中发现不需要启动灭火装置，可按下保护区外的或控制操作面板上的"紧急停止按钮"，即可终止灭火指令的发出。

（2）手动控制方式。将控制器上的控制方式选择锁置于"手动"位置时，灭火控制器处于手动控制状态。这时，当火灾探测器发出火警信号时，控制器即发出火灾声光报警信号，而不启动灭火装置，需经人员观察，确认火灾已发生时，可按下保护区外或控制器操作面板上的"紧急启动按钮"，即可启动灭火装置，释放灭火剂，实施灭火。但报警信号仍存在。无论装置处于自动或手动状态，按下任何紧急启动按钮，都可启动灭火装置，释放灭火剂，实施灭火，同时控制器立即进入灭火报警状态。

（3）应急机械启动工作方式。在控制器失效且职守人员判断为火灾时，应立即通知现场所有人员撤离，在确定所有人员撤离现场后，方可按以下步骤实施应急机械启动：手动关闭联动设备并切断电源；打开对应保护区选择阀；成组或逐个打开对应保护区储瓶组上的容器阀，即刻实施灭火。

（4）紧急启动/停止工作方式。用于紧急状态。情况一，当职守人员发现火情而气体灭火控制器未发出声光报警信号时，应立即通知现场所有人员撤离，在确定所有人员撤离现场后，方可按下紧急启动/停止按钮，系统立即实施灭火操作；情况二，当气体灭火控制器发出声光报警信号并正处于延时阶段，如发现为误报火警时可立即按下紧急启动/停止按钮，系统将停止实施灭火操作，避免不必要的损失。

气体灭火系统具体控制过程如图4-8所示。

（三）系统适用范围

根据灭火剂种类、灭火机理不同，气体灭火系统的适用范围也各不相同，下面分类进行介绍。

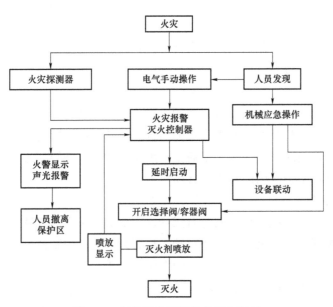

图 4-8　气体灭火系统具体控制过程

1. 二氧化碳灭火系统

二氧化碳灭火系统（见图 4-9）可用于扑救：灭火前可切断气源的气体火灾；液体火灾或石蜡、沥青等可熔化的固体火灾；固体表面火灾及棉毛、织物、纸张等部分固体深位火灾；电气火灾。

图 4-9　二氧化碳灭火系统

2. 七氟丙烷灭火系统

七氟丙烷灭火系统（见图 4-10）适于扑救：电气火灾；液体表面火灾或可熔化的固体火灾；固体表面火灾；灭火前可切断气源的气体火灾。

本系统不得用于扑救下列物质的火灾：含氧化剂的化学制品及混合物，如硝化纤维、硝酸钠等；活泼金属，如钾、钠、镁、钛等；金属氢化物，如氢化钾、氢化钠等；能自行分解的化学物质，如过氧化氢、联胺等。

图 4-10 七氟丙烷灭火系统

3. 其他气体灭火系统

其他气体灭火系统适用于扑救电气火灾、固体表面火灾、液体火灾和灭火前能切断气源的气体火灾。

其他气体灭火系统不适用于扑救下列火灾：硝化纤维、硝酸钠等氧化剂或含氧化剂的化学制品火灾；钾、钠、镁、钛等活泼金属火灾；氢化钾、氢化钠等金属氢化物火灾；过氧化氢、联胺等能自行分解的化学物质火灾；可燃固体物质的深位火灾。

图 4-11 为氮气灭火系统。

图 4-11 氮气灭火系统

四、细水雾灭火系统

（一）细水雾的灭火机理

细水雾的灭火机理主要是吸热冷却、隔氧窒息、辐射热阻隔和浸湿作用。除此之外，细水雾还具有乳化等作用，而在灭火过程中，往往会有几种作用同时发生，从而有效灭火。

1. 吸热冷却

细小水滴受热后易于汽化，在气、液态变化过程中从燃烧物质表面或火灾区域吸收大量的热量。物质表面温度迅速下降后，会使热分解中断，燃烧随即终止。

2. 隔氧窒息

雾滴在受热后汽化形成原体积 1680 倍的水蒸气，最大限度地排斥火场的空气，使燃烧物质周围的氧含量降低，燃烧会因缺氧而受抑制或中断。系统启动后形成的水蒸气完全覆盖整个着火面的时间越短，窒息作用越明显。

3. 辐射热阻隔

细水雾喷入火场后，形成的水蒸气迅速将燃烧物、火焰和烟羽笼罩，对火焰的辐射热具有极佳的阻隔能力，能够有效抑制辐射热引燃周围其他物品，达到防止火焰蔓延的效果。

4．浸湿作用

颗粒大、冲量大的雾滴会冲击到燃烧物表面，从而使燃烧物得到浸湿，阻止固体进一步挥发可燃气体。另外系统还可以充分将着火位置以外的燃烧物浸湿，从而抑制火灾的蔓延和发展。

（二）系统组成与工作原理

1．开式细水雾灭火系统

（1）系统组成。开式细水雾灭火系统包括全淹没应用方式和局部应用方式，采用开式细水雾喷头，由配套的火灾自动报警系统自动联动或远控、手动启动后，控制一组喷头同时喷水的自动细水雾灭火系统。

由于供水装置的不同，细水雾灭火系统的构成略有不同。泵组式细水雾灭火系统（见图 4-12）由细水雾喷头、控制阀组、系统管网、泵组、水源以及火灾自动报警及联动控制系统组成。瓶组式细水雾灭火系统（见图 4-13）由细水雾喷头、控制阀、启动瓶、储水瓶组、瓶架、系统管网、火灾自动报警以及联动控制系统组成。

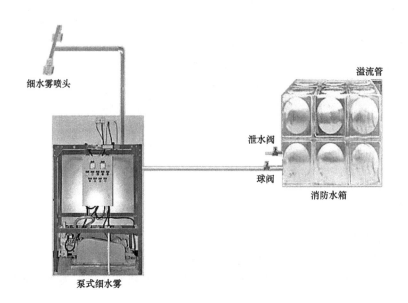

图 4-12　泵组式细水雾灭火系统

（2）工作原理（见图 4-14）。自动控制方式时，火灾发生后，报警控制器收到两个独立的火灾报警信号后，自动启动系统控制阀组和消防水泵，向系统管网控水，水雾喷头喷出细水雾，实施灭火。

2．闭式细水雾灭火系统

（1）系统组成。闭式细水雾灭火系统采用闭式细水雾喷头，根据使用场所不同，闭式细水雾灭火系统又可以分为湿式系统、干式系统和预作用系统三种形式，如图 4-15～图 4-17 所示。

图4－13　瓶组式细水雾灭火系统

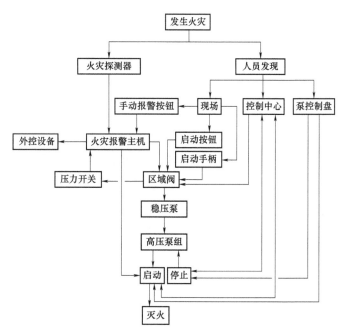

图4－14　开式细水雾灭火系统工作原理

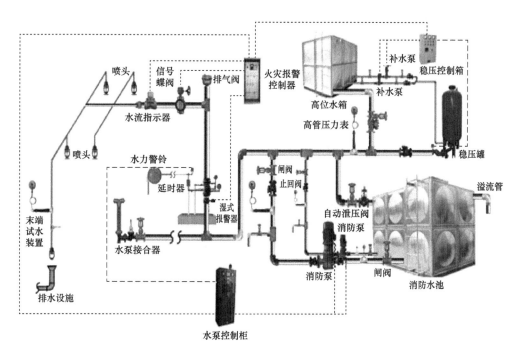

图4－15　湿式系统

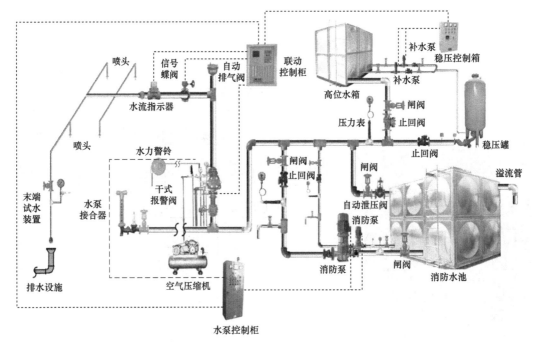

图 4-16 干式系统

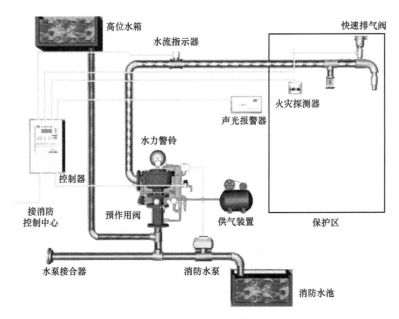

图 4-17 预作用系统

（2）工作原理。

1）湿式系统。湿式系统在准工作状态时，由消防水箱或稳压泵、气压给水设备等稳压设备维持管道内充水的压力。发生火灾时，在火灾温度的作用下，闭式细水雾喷头的热敏元件动作，喷头开启并开始喷水。此时，管网中的水由静止变为流动，水流指示器动作送出信号,在报警控制器上显示某一区域喷水的信息。由于持续喷水泄压造成湿式报警阀的上部水压低于下部水压,在压力差的作用下,原来处于关闭状态的湿式报警阀将自动开启。此时,压力水通过湿式报警阀流向管网,同时打开通向水力警铃的通道,延迟器充满水后,水力警铃发出声响警报,压力开关动作并输出启动供水泵的信号。供水泵投入运行后,完成系统的启动过程。湿式系统工作原理如图4-18所示。

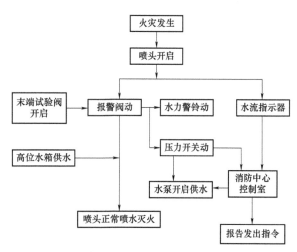

图4-18 湿式系统工作原理

2)干式系统。干式系统在准工作状态时,由消防水箱或稳压泵、气压给水设备等稳压设施维持干式报警阀入口前管道内的充水压力,报警阀出口后的管道内充满有压气体,报警阀处于关闭状态。发生火灾时,在火灾温度的作用下,闭式喷头的热敏元件动作,闭式喷头开启,使干式阀的出口压力下降,加速器动作后促使干式报警阀迅速开启,管道开始排气充水,剩余压缩空气从系统最高处的排气阀和开启的喷头处喷出。此时,通往水力警铃和压力开关的通道被打开,水力警铃发出声响警报,压力开关动作并输出启泵信号,启动系统供水泵;管道完成排气充水过程后,开启的喷头开始喷水。从闭式喷头开启至供水泵投入运行前,由消防水箱、气压给水设备或稳压泵等供水设施为系统的配水管道充水。干式系统工作原理如图4-19所示。

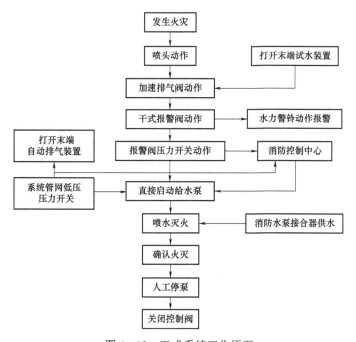

图4-19 干式系统工作原理

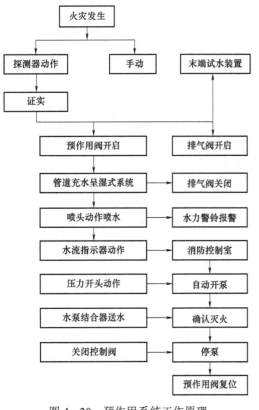

图 4-20 预作用系统工作原理

3）预作用系统。系统处于准工作状态时，由消防水箱或稳压泵、气压给水设备等稳压设施维持雨淋阀入口前管道内的充水压力，雨淋阀后的管道内平时无水或充以有压气体。发生火灾时，由火灾自动报警系统自动开启雨淋报警阀，配水管道开始排气充水，使系统在闭式喷头动作前转换成湿式系统，并在闭式喷头开启后立即喷水。预作用系统工作原理如图 4-20 所示。

（三）系统特性和适用范围

1. 系统特性

（1）节能环保性。细水雾对人体无害，对环境无影响，不会在高温下产生有害的分解物质。由于它具有高效的冷却作用和明显的吸收烟尘作用，更加有利于火灾现场人员的逃生与补救。

（2）电气绝缘性。细水雾的雾滴粒径小，喷雾时水呈不连续性，所以电气绝缘性能比较好。带电喷放细水雾的试验表明，细水雾具有良好的电绝缘性能。细水雾喷头喷射雾束在 220、110、35kV 三个电压等级下不发生工频交流闪络。

（3）烟雾消除作用。细水雾蒸发后，体积膨胀而充满整个火场空间，细小的水蒸气颗粒极易与燃烧形成的游离碳结合，从而对火场环境起到很强的洗涤、降尘、净化效果，可以有效消除烟雾中的腐蚀性及有毒物质，有利于人员疏散和消防员的灭火救援工作。

2. 适用范围

（1）可燃固体火灾。细水雾灭火系统可以有效补救相对封闭空间内的可燃固体表面火灾，包括纸张、木材、纺织品和塑料泡沫、橡胶等固体火灾等。

（2）可燃液体火灾。细水雾灭火系统可以有效补救相对封闭空间内的可燃液体火灾，包括正庚烷或汽油等低闪点可燃液体和润滑油、液压油等中、高闪点可燃液体火灾。

（3）电气火灾。细水雾灭火系统可以有效扑救电气火灾，包括电缆、控制柜等电子、电气设备火灾和变压器火灾等。

3. 不适用范围

（1）细水雾灭火系统不适用于能与水发生剧烈反应或产生大量有害物质的活泼金属及其化合物火灾。

（2）细水雾灭火系统不适用于可燃气体火灾，包括液化天然气等低温液化气体的场合。

（3）细水雾灭火系统不适用于可燃固体的深位火灾。

五、SP合成型泡沫喷雾灭火系统

泡沫喷雾灭火系统采用高效泡沫液作为灭火剂，在一定压力下，通过专用喷头将灭火剂喷射到被保护物上，使之迅速灭火的一种新型灭火装置。同时吸收了水雾灭火和泡沫灭火的特点，技术先进、灭火效率高、安装维护简单，是一种高效、安全、经济、环保的灭火系统，特别适用于扑救热油流淌和电力变压器等火灾。

（一）灭火机理

由于泡沫喷雾灭火系统是采用储存在钢瓶内的氮气直接启动储液罐内的灭火剂，经管道和喷头喷出实施灭火，故其同时具有水雾灭火系统和泡沫灭火系统的冷却、窒息、乳化、隔离等灭火机理。

（二）系统的组成及工作原理

1. 系统的组成

如图 4-21 所示，泡沫喷雾灭火系统由储液罐、合成泡沫灭火剂、启动装置、动力装置、电磁控制阀、喷头和管网等组成。图 4-22 为泡沫喷雾灭火系统的实物图。

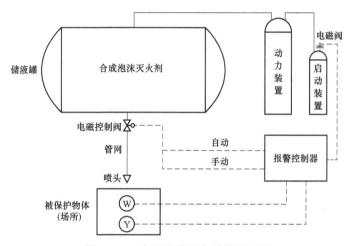

图 4-21　泡沫喷雾灭火系统示意图

2. 工作原理

当火灾发生时，火灾报警灭火控制器发出指令打开与保护对象对应的启动瓶电磁驱动器和分区阀，释放启动气体，启动气体通过启动管路打开动力瓶组。动力源气体经减压阀、高压软管和集流管进入储液罐，推动泡沫灭火剂经过分区阀和灭火剂输送管道输送到防护区，安装在管网末端的泡沫喷雾喷头将泡沫灭火剂雾化成泡沫喷放至保护对象上。迅速冷却保护对象表面，并产生一层阻燃薄膜，隔离保护对象和空气，使之迅速灭火的灭火系统。

图 4-22　泡沫喷淋系统

（三）启动方式

泡沫喷雾灭火系统一般应设置自动、手动和应急操作三种启动方式。

1. 自动方式

灭火报警控制主机上有"自动"和"手动"转换开关（转换开关也可与主机分开，设置在防护区外），当将其置于"自动"位置时，灭火装置处于自动状态。当只有一种探测器发出火灾信号时，控制主机启动警铃和声光报警器，通知火灾发生，但并不启动灭火装置。

当两种探测器发出火灾信号时，控制主机启动警铃和声光报警器，联动关闭防护区开口，进入灭火启动延时，达到设定的延时时间后，自动启动灭火装置。

如在延时喷放过程中发现不需要启动灭火装置，可按下防护区外或控制器上的"紧急停止"按钮，终止灭火指令。

2. 手动方式

当转换开关置于"手动"位置时，灭火装置处于手动状态。

在该状态下，探测器发出火灾信号，控制主机启动警铃和声光报警器，通知火灾发生，但并不启动灭火装置。此时按下防护区外或控制器上的"手动启动"或"紧急启动"按钮，可以启动灭火装置。

注意：无论控制器处于自动或手动状态，按下"紧急启动"和"手动启动"按钮，都可启动灭火装置。

3. 机械应急操作启动方式

当自动和手动启动均失效时，可按以下步骤实施机械应急操作：① 手动关闭联动设备，并切断电源；② 拔出启动瓶电磁驱动器上的"机械应急启动保险销"，按下机械应急启动按钮，电磁驱动器打开启动瓶释放启动气体，启动动力瓶组；③ 打开罐体连接管上相应保护对象的分区阀。

（四）适用范围

泡沫喷雾灭火系统可以广泛应用于下列场所：油浸电力变压器；燃油锅炉房；燃油发电机房；小型石油库；小型储油罐；小型汽车库；小型修车库；船舶的机舱及发动机舱。

第三节　常见的消防器材

一、灭火器材

1. 水基型灭火器

水基型灭火器（见图 4-23）是指内部充入的灭火剂是以水为基础的灭火器，一般由水、氟碳催渗剂、碳氢催渗剂、阻燃剂、稳定剂等多组分配合而成，以氮气或二氧化碳为驱动气体，是一种高效的灭火剂。常用的水基型灭火器有清水灭火器、水基型泡沫灭火器和水基型水雾灭火器三种。

2. 干粉灭火器

干粉灭火器（见图 4-24）是利用氮气作为驱动动力，将筒内的干粉喷出灭火的灭火器。干粉灭火器可扑救一般的可燃固体火灾，还可扑灭油、气等燃烧引起的火灾，主要用于扑救石油、有机溶剂等易燃液体、可燃气体和电气设备的初期火灾。

图4-23　水基型灭火器

3. 二氧化碳灭火器

二氧化碳灭火器（见图4-25）的容器内充装的是二氧化碳气体，靠自身的压力驱动喷出进行灭火。它在灭火时具有窒息和冷却两大作用。二氧化碳灭火器具有流动性好、喷射率高、不腐蚀容器和不易变质等优良性能，用来扑灭图书、档案、贵重设备、精密仪器、600V以下电气设备及油类的初起火灾。

图4-24　手提式干粉灭火器

图4-25　手提式二氧化碳灭火器

4. 洁净气体灭火器

洁净气体灭火器（见图4-26）是将洁净气体灭火剂直接加压充装在容器中，适用时，灭火剂从灭火器中排出形成气雾状射流射向燃烧物，当灭火剂与火焰接触时发生一系列物理化学反应，使燃烧中断，达到灭火目的。洁净气体灭火器适用于扑救可燃液体、可燃气体和可融化的固体物质以及带电设备的初期火灾。

图4-26　洁净气体灭火器

二、消防过滤式自救呼吸器

消防过滤式自救呼吸器（见图 4-27）是一种避险产品，它用于过滤火灾烟雾中的一

氧化碳和氢氰酸等毒物，以保护人体不受伤害和中毒。火灾时必然产生有毒烟气，据消防权威部门统计，火灾死亡中，80%以上是因烟气中毒受伤或浓烟窒息后烧死，此时，佩戴可靠的防烟防毒呼吸装置，利用疏散通道安全脱离险境，可以大大减少火灾死亡人数。消防过滤式自救呼吸器（又名防烟防毒面具、火灾逃生面具）是一种保护人体呼吸器官不受外界有毒气体伤害的专用呼吸装置，它利用滤毒罐内的药剂、滤烟元件，将火场空气中的有毒成分过滤掉，使之变为较为清洁的空气，供逃生者呼吸用。

图 4-27 消防过滤式自救呼吸器

三、消防斧

消防斧（见图 4-28）一种清理着火或易燃材料，切断火势蔓延的工具，还可以劈开被烧变形的门窗，解救被困的人。

四、消防铁锹

消防铁锹（见图 4-29）即消防铲，属于消防器材中的一部分，手柄刷红色消防漆，主要用于铲洒消防沙、清除障碍物、清理现场及易燃物等。

图 4-28 消防斧　　　　　　　　　　图 4-29 消防铁锹

五、消火栓

1. 消防水枪

消防水枪（见图 4-30）是灭火的射水工具，用其与水带连接会喷射密集充实的水流。

具有射程远、水量大等优点。它由管牙接口、枪体和喷嘴等主要零部件组成。直流开关水枪，是直流水枪增加球阀开关等部件组成可以通过开关控制水流。

2. 水带接扣

水带接扣（见图 4-31）用于水带、消防车、消火栓、水枪之间的连接。以便输送水和泡沫混合液进行灭火。它由本体、密封圈座、橡胶密封圈和档圈等到零部件组成，密封圈座上有沟槽，用于扎水带。具有密封性好，连接既快又省力，不易脱落等特点。

管牙接口：装在水枪进水口端，内螺纹固定接口装在消火栓。消防水泵等出水口处；它们都由本体和密封圈组成，一端为管螺纹，一端为内扣式。它们都用于连接水带。

图 4-30　消防水枪

图 4-31　水带接扣

3. 消防水带

消防水带（见图 4-32）是消防现场输水用的软管。消防水带按材料可分为有衬里消防水带和无衬里消防水带两种。无衬里水带承受压力低、阻力大、容易漏水、易霉腐，寿命短，适合于建筑物内火场铺设。衬里水带承受压力高、耐磨损、耐霉腐、不易渗漏、阻力小，经久耐用，也可任意弯曲折叠，随意搬动，使用方便，适用于外部火场铺设。

图 4-32　消防水带

4. 室内消防栓

室内消防栓（见图 4-33）的主要作用是控制可燃物、隔绝助燃物、消除着火源。室内消火栓使用方式有：① 打开消火栓门，按下内部火警按钮（按钮是报警和启动消防泵的）；② 一人接好枪头和水带奔向起火点；③ 另一人接好水带和阀门口；④ 逆时针打开阀门水喷出即可；⑤ 电起火要确定切断电源。

图4-33　室内消防栓

第四节　常见的标识牌

一、消防标识牌的定义及要求

1. 定义

（1）消防标识标牌是用于表明消防设施特征的符号，它是用于说明建筑配备各种消防设备、设施，标志安装的位置，并诱导人们在事故时采取合理正确的行动。

（2）实际应用表明，在疏散走道和主要疏散路线的地面上或靠近地面的墙上设置发光疏散指示标志，对安全疏散起到很好的作用，可以更有效地帮助人们在浓烟弥漫的情况下，及时识别疏散位置和方向，迅速沿发光疏散指示标志顺利疏散。总结以往的火灾事故，往往是在发生事故的初期，人们看不到消防标志、找不到消防设施，而不能采取正确的疏散和灭火措施，造成大量的人员伤亡事故。消防标识标牌用于提示消防设施的示意目标方位。

2. 消防标识标牌的制作要求

（1）消防安全标识标牌应按 GB 13495 要求制作。标志和符号的大小、线条粗细应参照本标准所给出的图样成适当比例。

（2）消防安全标识标牌都应自带衬底色。用其边框颜色的对比色将边框周围勾一窄边即为标志的衬底色。没有边框的标志，则用外缘颜色的对比色。除警告标志用黄色勾边外，其他标志用白色。衬底色最少宽 2mm，最多宽 10mm。

（3）消防安全标识标牌应用坚固耐用的材料制作，如金属板、塑料板、木板等。用于室内的消防安全标识标牌可以用粘贴力强的不干胶材料制作。对于照明条件差的场合，标识标牌可以用荧光材料制作，还可以加上适当照明。

（4）消防安全标识标牌应无毛刺和孔洞，有触电危险场所的标识标牌应当使用绝缘材料制作。

（5）消防安全标识标牌必须由被授权的国家固定灭火系统和耐火构件质量监督检测中心检验合格后方可生产、销售。

3. 消防标识标牌的制作材料

（1）疏散标识标牌应用不燃材料制作，否则应在其外面加设玻璃或其他不燃透明材料制成的保护罩。

（2）其他用途的标识标牌其制作材料的燃烧性能应符合使用场所的防火要求；对室内所用的非疏散标识标牌，其制作材料的氧指数不得低于32。

4. 消防安全标识标牌的设置要求

（1）消防安全标志设置在醒目、与消防安全有关的地方，并使人们看到后有足够的时间注意它所表示的意义。

（2）消防安全标志不应设置在本身移动后可能遮盖标志的物体上。同样也不应设置在容易被移动的物体遮盖的地方。

（3）难以确定消防安全标志的设置位置，应征求地方消防监督机构的意见。

（4）危险场所、危险部位消防标识标牌。

1）危险场所、危险部位的室外、室内墙面、地面及危险设施处等适当位置应设置警示类标识，标明安全警示性和禁止性规定。

2）危险场所、危险部位的室外、室内墙面等适当位置应设置安全管理规程，标明安全管理制度、操作规程、注意事项及危险事故应急处置程序等内容。

3）仓库应当划线标识，标明仓库墙距、垛距、主要通道、货物固定位置等。储存易燃易爆危险物品的仓库应当设置标明储存物品的类别、品名、储量、注意事项和灭火方法的标识。

4）易操作失误引发火灾危险事故的关键设施部位应设置发光性提示标识，标明操作方式、注意事项、危险事故应急处置程序等内容。

（5）安全疏散消防标识标牌。

1）疏散指示标识应根据国家有关消防技术标准和规范设置，并应采用符合规范要求的灯光疏散指示标志、安全出口标志，标明疏散方向。

2）人员密集场所应在疏散走道和主要疏散路线的地面上增设能保持视觉连续性的自发光或蓄光疏散指示标志。

3）单位安全出口、疏散楼梯、疏散走道、消防车道等处应设置"禁止锁闭""禁止堵塞"等警示类标识。

4）消防电梯外墙面上要设置消防电梯的用途及注意事项的识别类标识。

5）公众聚集场所、宾馆、饭店等住宿场所的房间内应当设置疏散标识图，标明楼层疏散路线、安全出口、室内消防设施位置等内容。

二、生产场所标识标牌

（1）配电室、消防水箱间、水泵房、消防控制室等场所的入口处应设置与其他房间区分的识别类标识和"非工勿入"警示类标识。

（2）消防设施配电柜（配电箱）应设置区别于其他设施配电柜（配电箱）的标识；备用消防电源的配电柜（配电箱）应设置区别于主消防电源配电柜（配电箱）的标识；不同消防设施的配电柜（配电箱）应有明显区分的标识。

（3）供消防车取水的消防水池、取水口或取水井、阀门、水泵接合器及室外消火栓等场所应设置永久性固定的识别类标识和"严禁埋压、圈占消防设施"警示类标识。

（4）消防水池、水箱、稳压泵、增压泵、气压水罐、消防水泵、水泵接合器的管道、控制阀、控制柜应设置提示类标识和相互区分的识别类标识。

（5）室内消火栓给水管道应设置与其他系统区分的识别类标识，并标明流向。

（6）灭火器的设置点、手动报警按钮设置点应设置提示类标识。

（7）防排烟系统的风机、风机控制柜、送风口及排烟窗应设置注明系统名称和编号的识别类标识和"消防设施严禁遮挡"的警示类标识。

（8）常闭式防火门应当设置"常闭式防火门，请保持关闭"警示类标识；防火卷帘底部地面应当设置"防火卷帘下禁放物品"警示类标识。

常见的标识牌如图 4-34～图 4-43 所示。

图 4-34　安全出口 PVC 标志牌

图 4-35　安全出口标志牌

图 4-36　安全出口夜光标志牌

图 4-37　安全出口消防标志牌

图 4-38　紧急出口消防标志牌

图 4-39　禁止烟火消防标志牌

图 4-40　禁止吸烟消防标志牌

图 4-41　禁止烟火消防标志牌

图 4-42　地上消火栓标志牌

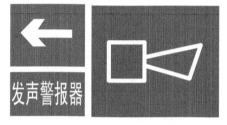

图 4-43　发声警报器标志牌

三、非生产场所标识标牌

（1）调度大楼、办公楼等人员密集的公共场所的紧急出口、疏散通道处、层间异位的楼梯间（如避难层的楼梯间）、大型公共建筑常用的光电感应自动门或 360°旋转门旁设置的一般平开疏散门，必须相应地设置"紧急出口"标志。在远离紧急出口的地方，应将"紧急出口"标志与"疏散通道方向"标志联合设置，箭头必须指向通往紧急出口的方向。

（2）紧急出口或疏散通道中的单向门必须在门上设置"推开"标志，在其反面应设置"拉开"标志。

（3）紧急出口或疏散通道中的门上应设置"禁止锁闭"标志。

（4）疏散通道或消防车道的醒目处应设置"禁止阻塞"标志。

（5）滑动门上应设置"滑动开门"标志，标志中的箭头方向必须与门的开启方向一致。

（6）需要击碎玻璃板才能拿到钥匙或开门工具的地方或疏散中需要打开板面才能制造一个出口的地方必须设置"击碎板面"标志。

（7）各类建筑中的隐蔽式消防设备存放地点应相应地设置"灭火设备""灭火器"和"消防水带"等标志。室外消防梯和自行保管的消防梯存放点应设置"消防梯"标志。远离消防设备存放地点的地方应将灭火设备标志与方向辅助标志联合设置。

（8）手动火灾报警按钮和固定灭火系统的手动启动器等装置附近必须设置"消防手动启动器"标志。在远离装置的地方，应与方向辅助标志联合设置。

（9）没有火灾报警器或火灾事故广播喇叭的地方应相应地设置"发声警报器"标志。

（10）设有火灾报警电话的地方应设置"火警电话"标志。对于没有公用电话的地方（如电话亭），也可设置"火警电话"标志。

（11）设有地下消火栓、消防水泵接合器和不易被看到的地上消火栓等消防器具的地方，应设置"地下消火栓""地上消火栓"和"消防水泵接合器"等标志。

（12）在下列区域应相应地设置"禁止烟火""禁止吸烟""禁止放易燃物""禁止带

火种""禁止燃放鞭炮""当心火灾——易燃物""当心火灾——氧化物"和"当心爆炸——爆炸性物质"等标志：

1）具有甲、乙、丙类火灾危险的生产厂区、厂房等的入口处或防火区内；

2）具有甲、乙、丙类火灾危险的仓库的入口处或防火区内；

3）具有甲、乙、丙类液体储罐、堆场等的防火区内；

4）可燃、助燃气体储罐或罐区与建筑物、堆场的防火区内；

5）民用建筑中燃油、燃气锅炉房，油浸变压器室，存放、使用化学易燃、易爆物品的商店、作坊、储藏间内及其附近；

6）甲、乙、丙类液体及其他化学危险物品的运输工具上。

（13）其他有必要设置消防安全标志的地方。

非生产场所常见标识标牌如图4-44～图4-64所示。

图4-44 滑动开门标志牌

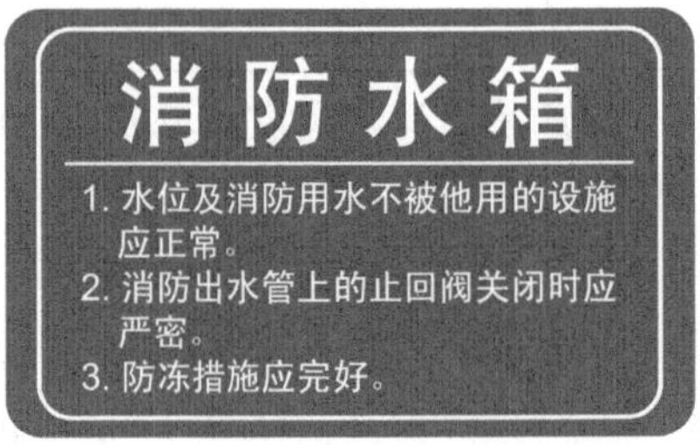

图4-45 消防水箱标志牌

图4-46 消防控制柜标志牌

图4-47 小心地滑标志牌

图4-48 地上泡沫栓标志牌

图4-49 水泵接合器说明标志牌

图4-50 消防水带标志牌

图 4-51 可动火区夜光消防标志牌

图 4-52 可动火区标志牌

图 4-53 击碎板面标志牌

图 4-54 推开夜光消防标牌

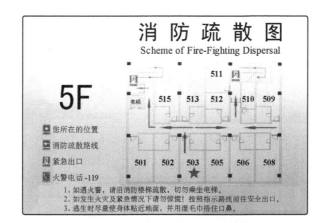

图 4-55 消防疏散示意图标志牌

图 4-56 禁用水灭火标志牌

图 4-57 禁止锁闭标志牌

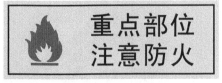

图4-58　有电危险标志牌标志牌　　　　图4-59　重点部位注意防火标志牌

图4-60　易燃固体标志牌　　　　图4-61　易燃液体标志牌

图4-62　易燃气体标志牌　　　　图4-63　危险品夜光标志牌

图4-64　消防水泵接合器夜光牌

第五章 消 防 档 案 管 理

消防档案是重点单位实行消防管理的一项基础工作。消防档案是消防档案管理的一种文献，有使用价值和历史价值，对于研究消防发展趋势，研究火灾发生的规律和特点，进而研究消防科学技术和火灾对策具有重要意义。对消防档案的研究，资料收集、整理和应用是消防科学管理的标志之一。为了总结经验，加强消防管理工作，必须重视消防档案的建设，充分发挥其作用。

第一节 消 防 档 案 的 建 立

一、建立消防档案的意义

消防档案是单位的"户口簿"，应当包括消防安全基本情况和消防安全管理情况。消防档案应当翔实，全面反映单位消防工作的基本情况，并附有必要的图表，根据情况变化及时更新。单位应当对消防档案统一保管、备查。

消防档案是单位消防情况的历史记录。可以用来考察单位对消防安全工作重视的程度。发生火灾时，它可以追查火因，处理责任者提供佐证材料，还可以为研究防火技术和灭火战术提供第一手资料。

消防档案是培养消防管理人员的好材料。消防管理人员在管理单位的消防工作时，通过查阅防火档案，可以较快地熟悉情况开展工作。

消防档案是考核消防管理人员工作的凭证。也是对消防管理人员工作进展情况、业务水平和工作能力的综合评定，为奖励、提职、晋级提供考核材料。

二、建立消防档案的流程

（1）依据《中华人民共和国消防法》和《机关、团体、企业、事业单位消防安全管理规定》等法律法规的规定，确定建立防火档案的对象。

（2）培训消防管理人员，了解消防档案的形式、熟悉各项要求和建立方法，明确注意事项。

（3）逐步建立档案。由单位消防管理人员按照计划，在各级消防负责人或专兼职管理人的协助配合下，据实建立各项消防档案和资料，并验收入库保存。

三、消防档案的内容

（1）单位基本概况和消防安全重点部位情况；

（2）建筑物或者场所施工、使用或者开业前的消防设计审核、消防验收以及消防安全检查的文件、资料；

（3）消防管理组织机构和各级消防安全责任人；

（4）消防安全制度；

（5）消防设施、灭火器材情况；

（6）专职消防队、义务消防队人员及其消防装备配备情况；

（7）与消防安全有关的重点工种人员情况；

（8）新增消防产品、防火材料的合格证明材料；

（9）灭火和应急疏散预案；

（10）公安消防机构填发的各种法律文书；

（11）消防设施定期检查记录、自动消防设施全面检查测试的报告以及维修保养的记录；

（12）火灾隐患及其整改情况记录；

（13）防火检查、巡查记录；

（14）有关燃气、电气设备检测（含防雷、防静电）等记录资料；

（15）消防安全培训记录；

（16）灭火和应急疏散预案的演练记录；

（17）火灾情况记录；

（18）消防奖惩情况记录。

四、消防档案的保管和使用

消防档案资料数量应根据法律要求和实际情况确定，一般本单位、上级主管单位、当地公安消防监督管理部门均应掌握。为便于日常查找和使用，应分类编号并确定保密级别，一般由单位的专业管理部门确定消防管理人员进行专项保管，重要档案资料应移交单位的档案管理部门实施统一保管。

消防管理人员在日常消防管理工作中，定期核对相关消防档案资料，及时记录新情况、新问题，适时进行补充更正。发生火灾时，可向调查组和司法部门提供有关档案内容，作为调查火灾原因、处理责任者的佐证资料。

把消防档案作为一项基础业务建设，不断改进和完善消防档案的形式和内容，使之为保卫单位的生产建设和发展服务。

第二节　消 防 预 案 编 制

一、应急预案的定义

应急预案是指针对可能发生的事故，为保证迅速、有序地开展应急和救援行动、降低事故损失而预先制定的行动计划和方案。消防应急预案是针对可能发生的重大火灾事故，为保证迅速、有序、有效地开展灭火与救援行动、降低火灾损失、减少人员伤亡而预先制定的行动计划和方案。

二、建立消防应急预案的重要性

为正确应对突发消防安全事故事件，提高火灾处置能力，最大限度降低人员伤亡和财产损失，单位应结合本单位的生产规模、安全基础、应急能力等实际情况，依法开展制定应急预案、组织实战演练等应急组织管理工作，促进应急预案体系的规范化、制度化、标准化建设。应急预案确定了应急救援的范围和体系，使之有据可依、有章可循，是各类消防突发事故的应急基础；他有利于对事故作出及时的应急响应，降低后果，也有利于提高风险防范意识。

三、消防应急预案编制的要求和原则

1. 基本要求

（1）科学逻辑性。消防应急预案应在全面调查研究的基础上，实行领导和专家相结合的方式，开展科学分析和论证，制定出决策程序和处置方案科学、应急手段先进的应急反应方案，是应急预案真正具有科学性。

（2）针对实效性。消防应急预案应结合危险分析的结果，针对重大危险源、可能发生的各类事故、关键的岗位和地点、薄弱环节以及重要的工程进行编制。发生事故时，有关应急组织、人员可以按照应急预案的规定迅速、有序、高效地开展应急救援行动，降低事故损失，确保其有效性。

（3）法律权威性。消防应急预案中的内容应符合国家相关法律、法规、国家标准的要求，如《中华人民共和国突发事件应对法》《中华人民共和国安全生产法》《中华人民共和国消防法》《机关、团体、企业、事业单位消防安全管理规定》等。应急救援是一项紧急状态下特定的统一行动，所制定的预案应明确工作的管理体系、组织的指挥权限和各级救援的职责任务等一系列的规定。预案经过上级部门批准后才能实施，保证具有权威性。

2. 具体要求

消防应急预案要针对那些可能造成本单位重大人员伤亡、设备环境破坏的具有突发性的事故灾害。预案应以努力保护人身安全为第一目的，同时兼顾设备环境的防护，减少损失程度。其中包括明确各级机构的权利和职责、对紧急情况的处置程序和措施等。

3. 基本原则

（1）统一领导、分级负责的原则。成立以单位主要负责人为首、各相关部门为成员的组织机构，负责对事故应急救援的统一指挥。

（2）预防为主、常抓不懈的原则。建立系统的、全过程的事故预防和控制机制，通过采取充分有效的预防措施，能够预防事故的发生或者减少事故损失。消防应急预案是对日常消防安全管理工作的必要补充，应以完善的预防措施为基础，有机地结合到日常工作中，并进行经常检查修订完善，充分体现"安全第一、预防为主"的方针。

（3）信息畅通、联动灵敏的原则。建立可靠、高效、畅通的信息传递系统，保障在事故发生时，能够将事故信息在最短的时间内加以综合、集成、分析、处理，并及时传送到各个相关部门，提供决策支持。针对事故的救援难度，及时启动相适应的应对预案，积极调动单位各岗各级、社会各个团体力量进行联合处置，达到降低事故损失的目的。

四、消防应急预案的编制流程

1. 编制准备

应急预案的编制是应急救援准备工作的核心内容。在编制应急预案前，应认真做好编制准备工作，全面分析本单位消防危险因素，预测可能发生的事故及其危害程度，确定危险源，进行风险分析和评估，针对危险源和存在的问题，客观评价本单位应急能力，确定相应的防范和应对措施。

2. 成立编制工作组

针对可能发生的消防事故特点，结合本单位工作职能分工，成立以本单位消防主要负责人（或消防管理人）为领导的应急预案编制工作组，明确编制任务、职责分工，制定编制工作计划。

3. 预案编制

应急预案应包括总则、组织指挥体系及职责、预警和预防机制、应急响应、后期处置、保障措施以及附则、附录等内容。在编制前应广泛收集所需的各种资料，包括相关法律法规、应急预案、技术标准、国内外同行业事故案例分析、本单位消防档案资料等。立足本单位应急管理基础和现状，对本单位消防应急装备、应急队伍等应急能力进行评估。应急预案编制过程中，对于机构设置、预案流程、职责划分等具体环节，应符合本单位实际情况和特点，保证预案的适应性、可操作性和有效性。注重相关人员的参与和培训，使所有与事故有关人员均掌握危险源的危害性、应急处置方案和技能。编制的应急预案与上级单位、地方政府相关应急预案衔接，编写格式规范、统一。

4. 评审与发布

应急预案编制完成后，由本单位消防主要负责人（或消防管理人）组织有关部门和人员进行预案评审、签署发布，并按规定报上级主管单位、地方政府部门备案。

5. 修订与更新

根据应急法律法规和有关标准变化情况、应急处置经验教训等，及时评估、修改与更新应急预案，不断增强应急预案的科学性、针对性、实效性和可操作性。

五、消防应急预的案体系结构

消防应急预案体系包括应急预案和现场应急处置方案。

（1）消防应急预案是针对消防事故事件的紧急情况而制定的应急预案，说明应急行动的目的和范围，通过危险源辨识，制定处置措施，程序内容具体详细，是综合应急预案体系的组成部分。内容包括：范围与依据、应急处置基本原则、组织机构及责任、预防与预警、信息报告程序、应急处置、应急物资与装备保障等。

（2）消防现场处置方案是针对具体的装置、场所或设施、岗位所制定的应急处置措施。现场处置方案应具体、简单、针对性强，根据风险评估及危险性控制措施逐一编制，做到事故相关人员应知应会，熟练掌握，并通过应急演练，做到迅速反应、正确处置。内容包括：事故特征、应急组织与职责、应急处置、注意事项等。

第三节　消防应急预案的演练

一、应急演练的定义

应急演练指针对突发事件风险和应急保障工作要求，由相关应急人员在预设条件下，按照应急预案规定的职责和程序，对应急预案的启动、预测与预警、应急响应和应急保障等内容进行应对训练。消防应急演练是对灭火和应急疏散能力的一个综合检验，能使参演人员进入"实战"状态，熟悉整个灭火和应急疏散工作的程序，明确自身职责，提高协同作战能力，保证灭火和应急疏散工作协调、有效、迅速地开展的应急行动训练。

二、消防应急演练的目的

检验突发消防事件应急预案，提高应急预案针对性、实效性和操作性。完善应急机制，强化单位部门、岗位人员相互之间的协调与配合。锻炼消防应急队伍，提高应急人员在紧急情况下妥善处置突发消防事件的能力提高员工对突发事件的风险防范意识与能力。

三、消防应急演练的原则

（1）依法依规，统筹规划。演练工作必须遵守国家相关法律、法规、标准及有关规定，科学统筹规划，纳入单位应急管理工作的整体规划，并按规划组织实施。

（2）突出重点，讲求实效。演练应结合本单位实际，应符合消防事故事件发生、变化、控制、消除的客观规律，注重过程、讲求实效，提高突发事件应急处置能力。

（3）协调配合，保证安全。演练应遵循"安全第一"的原则，按照各自职责和权限，加强组织协调，统一指挥、分级负责，保证人身财产、公共设施安全。

（4）预防为主、平战结合。坚持预防为主的方针，做好预防、预测和预警工作。做好常态下的风险评估、物资储备、队伍建设、装备完美、预案演练等工作。

四、消防应急演练的形式

1. 实战演练

由相关参演单位和人员，按照突发消防事件应急预案或应急程序，以程序性演练或检验性演练的方式，运用真实装备，在真实或模拟场景条件下开展的应急演练活动。其主要目的是检验应急队伍、应急装备等资源的调动效率以及组织实战能力，提高应急处置能力。分为程序性演练和检验性演练两种。

2. 桌面演练

由相关参演单位和人员，按照突发事件应急预案，利用脚本、技术资料、仿真系统等模拟进行应急状态下的演练活动。其主要目的是使相关人员熟悉应急职责，掌握应急程序。

五、消防应急演练的总体流程

在应急演练开始之前，确认演练所需的工具、设备设施以及参演人员到位，检查应急演练安全保障设备设施，确认各项安全保障措施完备。条件具备后按照应急演练脚本及应急演练工作方案逐步演练，直至全部步骤完成。演练可由策划组随机调整演练场景的个别或部分信息指令，使演练人员依据变化后的信息和指令自主进行响应。出现特殊或意外情况，策划组可调整或干预演练，若危及人身和设备安全时，应采取应急措施终止演练。演练结束后，应进行演练的总结评估和改进提高。

第六章 消防四个能力建设

　　随着我国经济社会的快速发展，消防建设滞后已越发严重威胁到社会的稳定和经济的发展，尤其是百姓的生命财产安全。21世纪前10年时间内，平均每年火灾20.6万起，一次死亡20人以上的重大及以上火灾15起，90%以上的重特大火灾都发生在社会单位，全国64%的亡人火灾发生在农村和居民家庭。

　　面对严峻的防火形势，2010年4月2日公安部在河北省石家庄市召开了全国构筑社会消防安全"防火墙"工程现场会，并全面部署为期三年的构筑社会消防安全"防火墙"工程。"防火墙工程"以提高社会单位消防安全"四个能力"、落实政府部门消防工作责任、夯实农村社区火灾防控基础、提高公安机关消防监督管理水平为着力点，力争通过3年时间，使消防工作社会化水平明显提升，全社会消防安全环境明显改善，重特大火灾尤其是群死群伤火灾事故得到有效遏制。

　　提高社会单位消防"四个能力"是公安部构筑社会消防安全"防火墙"工程重要内容之一，包括提高社会单位检查消除火灾隐患的能力；提高社会单位组织扑救初起火灾的能力；提高社会单位组织人员疏散逃生的能力；提高社会单位消防宣传教育培训的能力等四种能力。

　　社会单位消防"四个能力"的建设具有一定的必要性与重要性：

　　（1）加强社会单位消防安全"四个能力"建设是"预防为主，防消结合"工作方针的有效措施。"预防为主，防消结合"的消防工作方针，要求在有效预防火灾的同时，积极做好灭火救灾的准备工作。开展消防安全"四个能力"建设，是强化社会单位"防"和"消"的意识，是把"预防"和"扑救"两个同火灾作斗争的基本手段有机结合起来。

　　把"火灾预防"放在首位，提高单位检查消除火灾隐患的能力，及时发现和消除单位自身存在的火灾隐患，积极贯彻落实各项消防安全措施，做到"防得住"。提高单位扑救初起火灾的能力，随时做好扑救救灾的准备。确保一旦发生火灾，能够尽早使用现场的灭火器材和消防设施等，有效扑救初起火灾，最大限度地减少火灾危害，做到"打得赢"。提高组织疏散逃生的能力，确保单位疏散通道、安全出口畅通，安全疏散设施完好有效，员工知道如何疏散现场人员，切实保证单位尤其是人员密集场所发生火灾时能组织在场人员有效疏散，能够"跑得了"，最大程度上减少火灾中人员伤亡。

　　（2）加强社会单位消防安全"四个能力"建设是落实单位法定消防安全责任的手段。《消防法》第十六条规定：单位应组织防火检查，消除火灾隐患；单位应制定灭火和应急疏散预案。第四十四条规定：任何单位发生火灾，必须立即组织力量扑救；人员密集场所发生火灾，该场所的现场工作人员应当立即组织、引导在场人员疏散。第六条规定：机关、团体、企业、事业等单位，应当加强对本单位人员的消防宣传教育。社会单位开展消防安全四个能力建设，是单位落实《消防法》赋予的消防安全职责的必要手段和措施。

（3）加强社会单位消防安全"四个能力"建设是消防工作现实斗争的迫切需要。分析近年来发生的重大火灾事故，存在一些共性问题如：单位存在火灾隐患未及时发现和整改；火灾发生初期，单位不能立即有效扑救，不会正确使用消防器材，甚至没有扑救，错过最佳灭火时期，导致火灾进一步扩大；员工没有有效组织疏散逃生，现场人员自救知识贫乏；日常工作缺乏消防安全知识宣传教育培训，遇火灾惊慌失措，无所适从，引发大量不必要伤亡。在社会单位开展消防安全"四个能力"建设，提高全员的消防安全意识、素质，全面提升单位检查消除火灾隐患能力、扑救初起火灾能力、组织疏散逃生能力，就能有效提高社会单位消防安全管理水平，消除消防队接警到场的时间空白点，从根本上预防重特大火灾，尤其是群死群伤火灾事故。

供电企业作为国家能源工业的重要组成部分，其重要电力部位和设施设备如调度中心、通信机房、变压器、电缆沟、电缆隧道等重要防火部位发生火灾概率虽然较小，但是一旦发生后，轻则造成设备损坏，重则引起大面积停电，给国计民生造成重大损失。因此，加强消防"四个能力"建设，对于供电企业至关重要。

第一节　火灾隐患检查及消除

及时发现和消除火灾隐，保障人民生命和社会财产的安全，是单位自身进行防火检查的主要目的之一。实施防火检查时，检查人员应当能够准确认定存在的火灾隐患，从而采取相应的处理措施，确保火灾隐患得以消除。

一、火灾隐患的定义及判定

（一）火灾隐患的定义

火灾隐患通常是指单位、场所、设备以及人们的行为违反消防法律、法规，引起火灾或爆炸事故、危及生命财产安全、阻碍火灾疏散逃生、阻碍火灾扑救等潜在的危险因素和条件。

根据不安全因素引发火灾的可能性大小和可能造成的危害程度的不同，火灾隐患可分为一般火灾隐患和重大火灾隐患。

1. 一般火灾隐患

一般火灾隐患是指存在的不安全因素有引发火灾的可能，且发生火灾会造成一定的危害后果，但危害后果不严重。

2. 重大火灾隐患

重大火灾隐患是指违反消防法律法规，可能导致火灾发生或火灾危害增大，并由此可能造成重特大火灾事故后果和严重社会影响的各类潜在不安全因素。

（二）火灾隐患的判定

凡是火灾隐患都是违反消防法规的行为或事物的状态。认定火灾隐患主要是依据《消防监督检查规定》《机关、团体、企业、事业单位消防安全管理规定》等法律、法规，可以从以下三个方面来判定：

（1）具有直接引发火灾危险的，如违反规定储存、使用、运输易燃易爆物品，违章用火用电、用气和进行明火作业等，有直接引发火灾的可能性等情形；

（2）发生火灾时会导致火势蔓延、扩大或者会增加对人身、财产危害的，如建筑防火分区、建筑结构、防火防烟排烟设施等被随意改变，失去应有的作用等，一旦发生火灾，火势会迅速扩大，难以控制等情形；

（3）发生火灾时会影响人员安全疏散或者灭火救援行动的，如安全出口和疏散通道阻碍，缺少消防水源，消防车道阻塞，消防设施不能使用等，一旦发生火灾，将导致人员无法及时疏散，造成大量人员伤亡等情况。

1. 一般火灾隐患的判定

在防火检查时发现具有下列情形之一的，应当确定为一般火灾隐患：

（1）影响人员安全疏散或者灭火救援行动，不能立即整改的。

（2）消防设施不完全有效，影响防火灭火功能的。

（3）擅自改变防火分区，容易导致火势蔓延、扩大的。

（4）在人员密集场所违反消防安全规定，使用、储存易燃易爆化学物品，不能立即整改的。

（5）不符合城市消防安全布局要求，影响公共安全的。

2. 重大火灾隐患的判定

在防火检查时，对可能产生重大火灾的隐患可视不同情况采取直接判定或综合判定。

（1）可不判定为重大火灾隐患的情形。下列任一种情形可不判定为重大火灾隐患：

1）可以立即整改的；

2）因国家标准修订引起的（法律法规有明确规定的除外）；

3）对重大火灾隐患依法进行了消防技术论证，并已采取相应技术措施的；

4）发生火灾不足以导致特大火灾事故后果或严重社会影响的。

（2）下列重大火灾隐患可以直接判定：

1）生产、储存和装卸易燃易爆化学物品的工厂、仓库和专用车站、码头、储罐区，未设置在城市的边缘或相对独立的安全地带；

2）甲、乙类厂房设置在建筑的地下、半地下室；

3）甲、乙类厂房、库房或丙类厂房与人员密集场所、住宅或宿舍混合设置在同一建筑内；

4）公共娱乐场所、商店、地下人员密集场所的安全出口、楼梯间的设置形式及数量不符合规定；

5）旅馆、公共娱乐场所、商店、地下人员密集场所未按规定设置自动喷水灭火系统或火灾自动报警系统；

6）易燃可燃液体、可燃气体储罐（区）未按规定设置固定灭火、冷却设施。

二、火灾隐患的检查

（一）供电企业火灾危险性

根据供电企业内部业务及组织架构，重点防火场所主要包括生产调度大楼、变电站（换流站）、电缆隧道、物资仓库以及所管辖的宾馆、饭店及职工宿舍。由于各防火场所建筑性质、设备设施以及用途不同，火灾危险性也不相同，具体如下。

1. 生产调度大楼火灾危险性

（1）通信自动化机房火灾危险性。通信自动化机房是电力调度系统的核心设备，一旦发生火灾将造成调度通信系统瘫痪，严重时引发大面积停电事故，其火灾危险性表现在：

1）为保持自动化机房的恒温和洁净，建筑物内部需要用相当数量的木材、胶合板及塑料板等可燃材料建造或装饰，使建筑物本身的可燃物增多，耐火性能相应降低，极易引燃成灾。

2）空调系统的通风管道使用聚苯乙烯泡沫塑料等可燃材料进行保温，若保温材料靠近电加热器，长时间受热就会起火。

3）计算机中心的电缆竖井、电缆管道及通风管道等系统未按规定独立设置和进行防火分隔，易导致外部火灾的引人或内部火灾蔓延。

4）机房内电气设备和电路很多，如果电气设备和电线选型不合理或安装质量差；违反规程乱拉临时电线；任意增设电气设备；电炉、电烙铁用完后不拔插头，造成长时间通电或与可燃物接触而没有采取隔热措施；日光灯镇流器和闷顶或活动地板内的电气线路缺乏检查维修；电缆线与主机柜的连接松动，造成接触电阻过大等，都可能起火。

5）电子通信自动化设备需要长时间连续工作，由于设备质量不好或元器件发生故障等原因，有可能造成绝缘被击穿。稳压电源短路或高阻抗元件因接触不良，接触点过热而起火。

6）用过的纸张、清洗剂等可燃物品未能及时清理，或使用易燃清洗剂擦拭机器设备及地板等，遇电气火花、静电放电火花等火源而起火。

7）没有配备轻便灭火器材，未按规范要求设计安装火灾自动报警、自动灭火等消防设施，或消防设施出现故障，以致在起火时，不能及时发现和采取应急措施，致使火灾扩大蔓延。

（2）蓄电池室火灾危险性。生产调度大楼内通信自动化机房设备大量使用直流电源。常态下通过直流充电机将交流电整流成为直流电进行使用，因通信自动化设备运行较高的可靠性，需要配置蓄电池作为备用电源，并设置在独立的蓄电池室内。当前生产调度大楼较多采用的是铅酸蓄电池。其主要危险性在于它在充电或放电过程中会析出相当能量的氢气，同时产生一定的热量。氢气和空气混合能形成爆炸气混合物，且其爆炸的上、下限范围较大，因此蓄电池室具有较大的火灾爆炸危险性。

（3）档案室火灾危险性。档案室是供电企业管理档案的重要场所，保存有大量的且有重要价值的资料。这些资料的承载材质基本为纸张，属于可燃物品。综合分析，档案室火灾荷载很大，一旦发生火灾，可燃烧物质众多、分布较广，引发大面积起火；纸质档案易发生阴燃的特点，导致在火灾明火扑灭后持续阴燃，导致烟雾和热量持续上升引发二次起火，增加灭火难度。

（4）办公室火灾危险性。办公室内不乏空调、饮水机、电脑、打印机、复印机以及各式充电器等用电设备，给工作带来便利的同时，也埋下了电器火灾的隐患。比如，因办公室电器多用插座供电，使用时容易造成插座、插头接触不良导致电阻增加，发热量增大引起火灾；充电器、数码相机、平板电脑、手机等便携式电器一般体积小，散热性差，长期充电过程中，容易产生自燃事故；电脑、复印机、打印机等智能电器长时间通电待机，容易造成电器损坏诱发火灾；下班时，忘记关闭空调、饮水机等大功率用电设备，容易引起火灾事故。

同时，由于办公室内装修使用可燃材料，例如窗帘、地毯、固定家具等，又长期存储纸质资料、书籍等，一旦遇到火源，这些可燃物会迅速燃烧并蔓延扩大，最终引发火灾。

2. 变电站（换流站）火灾危险性

电力系统变电站（换流站）担负着接受电能并分配电能的任务，其特殊作用和功能要求使变电站拥有变压器、高压油开关、电缆、电容器等易燃、可燃物品，而且一旦发生火灾，危险性大、损失大、影响也大，甚至会引发大面积停电，严重影响人民的日常生活。变电站（换流站）火灾危险性具体表现在以下六个方面。

（1）变压器。变压器大多采用油浸自然冷却方式，内部充满了大量矿物绝缘油，闪点140℃并易蒸发、燃烧。变压器线圈内的纸和棉纱绝缘材料，经常受到过负荷发热或绝缘油酸化腐蚀等，会加速老化损坏，引起匝间、层间短路，使电流剧增，线圈发热燃烧；同时绝缘油在高温下分解，产生可燃性气体。当与空气混合达到一定比例，形成爆炸性混合物，遇到明火或超过燃点温度就会发生燃烧爆炸。硅钢片间，铁芯与夹紧螺栓间的绝缘损坏，容易引起涡流发热，造成绝缘油分解并燃烧。线圈与线圈间、线圈端部与分接头间，如果连接不良或分接头转换开关位置没有放正，都可能使接触电阻增大，造成局部高温使油燃烧或发生爆炸。

（2）电缆沟及电缆层。危险性详见下文"电缆沟、电缆层及电缆隧道火灾危险性"。

（3）继电保护及通信机房。继电保护及通信书房的火灾危险性除本节生产调度大楼通信自动化机房火灾危险性外，还包括一旦继电保护室起火造成送电间隔保护设备损坏，需要长时间停电进行修复，造成电网运行方式薄弱，甚至引发拉电、限电及停电事件。

（4）蓄电池室。危险性详见本节上文生产调度大楼"蓄电池室火灾危险性"。

（5）高压油开关。高压油开关具有较大的火灾及爆炸危险性。如果油开关不能迅速有效地灭弧，则温度可达3000～4000℃的电弧，会将油热分解成碳氢化合物等易燃气体，就有可能引起燃烧或爆炸的危险。

（6）其他火灾危险性。变电站除上述设备易发生火灾外，像蓄电池、电容器、主控制室及二次回路、电流互感器等也能引发火灾，所以值班人员对上述设备也要加强巡视，及时检修，积极预防火灾事故的发生。

3. 电缆沟、电缆层及电缆隧道火灾危险性

电缆沟、电缆层及电缆隧道虽然发生火灾概率不大，但是具有严重火灾危险性，主要表现在含有众多潜在火源，发生火灾后危害性、破坏性巨大，修复困难，容易引发区域停电，造成重大经济损失，严重影响人们的日常生活。

电缆沟、电缆层及电缆隧道火灾本质是电缆火灾。产生电缆火灾的主要原因为电缆自身的可燃性。当前电缆采用的绝缘层、护层及绝缘油等均为可燃性材料。在电缆受机械损伤或在电缆隧道无防潮、防腐和排水设施加速电缆绝缘层老化时，电缆绝缘强度下降，可能导致短路或"放炮"产生火花引起火灾。此外，电缆过热可点燃聚集在电缆上的干燥尘埃或绝缘塑料热解产物。研究表明，电缆上沉积尘埃或粉尘会产生两种起火现象：① 粉尘隔热导致绝缘层高温熔化；② 粉尘可燃，导致电缆击穿反应和尘埃层起火。电缆隧道井口、孔洞等部位密封不好，造成外来火源进入，也会引起火灾。电缆隧道火灾具有起火快、火势猛、蔓延迅速（电缆"放炮"可在 2~3s 内起火，在 30~60s 内蔓延 100 多 m）、温度高（可达 600~800℃），可烤化玻璃灯罩、熔化电缆线芯和电缆钢支架、产生大量浓烟有毒气体和灭火难度大等特点，大大增加了火灾危险性。电缆隧道的严重火灾危险性，还表现在很大的危害性和破坏性。1984 年 1 月 21 日，河南平顶山午阳钢铁公司轧钢厂高压配电室地下室，由于电缆短路引燃电缆绝缘层，蔓延起火，烧毁电缆多 20 万米，直接经济损失达 150 多万元。1988 年 9 月 2 日，美国西雅图市的一个地下电缆设施，由于地下的铝输电电缆受热熔化起火，使该市大部分地区连续停电 4 天，损失很大。电缆火灾的更大危害性和破坏性，还在于电缆绝缘层常用的卤化物在燃烧时能产生大量有毒的浓烟和有剧烈腐蚀性的酸气，如氯化氢或嗅化氢，能很快腐蚀金属、电子设备和器件，严重破坏财物和威胁人的生命安全。英国伦敦地铁有限公司所做的燃烧试验表明，一根长约 1m 含 0.85kg PVC 电缆，从燃烧着火起所产生的烟气可在不到 5min 时间内完全笼罩容积为 1000m³ 的房间。IEC 685《电气产品火灾危险性评估试验和要求标准指南》中指出，任何通电电路都存在火灾危险。由此可见，电缆和电缆隧道具有严重的火灾危险性，不容置疑和忽视。

4. 物资仓库

仓库是物资高度集中的地方，一旦发生火灾，燃烧面积大、燃烧时间长，造成的经济损失十分严重。

根据仓库储存物资的需要，库房的长度、宽度、高度都比较大，给火灾初起阶段的发展蔓延提供了一定的条件。各类普通物资仓库中，除多层库房、高架仓库和部分外贸仓库的耐火等级较高外，一般的单层库房、临时简易库房多为耐火极限较低的三级建筑。在火灾情况下，易造成库房的承重构件在短时间内倒塌。当仓库内存放有大量的可燃物时，垛与垛、架与架、层与层之间，按防火规范要求虽有一定间距，但仍然难以有效组织火势蔓延。仓库管理过程中，上班时间人员较多，下班以后人员较少，通常只有值班室内有人值班，这样仓库内一旦发生火灾，往往不能及时发现和报警。

仓库火灾发生后，由于物品过于密集，初期燃烧阶段以后火势蔓延加速、燃烧强度急剧增大。由于可燃物多而空气又不流通，排烟速度较慢，产生大量烟雾，尤其是地下仓库火灾情况更为严重，不但使人无法辨别方向，而且烟气中的高温让人难以承受，毒气和缺氧使人无法呼吸。火灾产生的高温使仓库结构承载能力降低，加速承重结构断裂，使库房和隔板出现倒塌现象。火灾中这些承重构件的倒塌后，会使阴燃火遇到大量新鲜空气后便会迅速重新燃起火焰，这样便会促使火势在短时间内更加猛烈地燃烧，给扑救工作增加难度。

5. 宾馆、饭店及职工宿舍

宾馆、饭店、职工宿舍用电用火频繁，用气设备点多量大。使用的各种电气设施设备可能因为设备故障、线路故障或使用不当引发火灾，尤其是电气线路，发生火灾的风险极大。厨房天然气、液化气可能因为使用不慎或油锅过热起火。人员酒后卧床吸烟、乱丢烟头也易引发火灾。宾馆、饭店、宿舍内大量的装饰、陈设和家具都是可燃材料，建筑火灾荷载较大。在日常运作中使用液体、气体燃料，在维修、装修过程中使用化学涂料、油漆等物品，一旦发生火灾，这些可燃材料燃烧猛烈、蔓延迅速，大部分材料在燃烧时产生有毒气体，将会给人员的疏散和火灾扑救带来很大的困难。楼梯间、电梯井、管道井、电缆井以及通风管道等，如果防火设计处理不当，发生火灾后，极易产生烟囱效应，使火势迅速蔓延扩大。人员对建筑内部的空间环境及疏散路径不熟悉，对消防设施设备的配置状态不熟悉，处置初起火灾和疏散逃生的能力较差，一旦发生火灾，极易产生恐慌和混乱处置稍有不当，就可能造成推死群伤的恶性事故。

一些利用既有建筑改建、扩建的宾馆、饭店，在安全疏散、消防设施设备方面不能满足现行规范的相关规定，存在建筑耐火等级低，疏散通道狭窄等诸多问题，给火灾后初期灭火、疏散逃生带来重大隐患。

（二）火灾隐患检查内容及方法

火灾隐患检查是指单位内部结合自身情况，适时组织的督促、查看、了解本单位内部消防安全工作情况以及存在的问题和隐患的一项消防安全管理活动。

1. 消防安全检查的目的和形式

（1）消防安全检查的目的。通过对本单位消防安全制度、安全操作规程的落实和遵守情况进行检查，以督促规章制度、措施的贯彻落实，这是单位自我管理、自我约束的一种重要手段，是及时发现和消除火灾隐患、预防火灾发生的重要措施。

（2）消防安全检查形式。消防安全检查是一项长期的、经常性的工作，在组织形式上应采取经常性检查与定期性检查相结合、重点检查和普遍检查相结合的方式方法。

1）一般的日常检查。这种检查是按照岗位消防责任制的要求，以班组长、安全员、志愿消防员为主对所处的岗位和环境的消防安全情况进行检查，通常以班前、班后和交接班时为检查的重点。

2）防火巡查。这种巡查也是一种检查，是单位保证消防安全的严格管理措施之一。

3）夜间巡查。夜间检查是预防夜间发生大火的有效措施，检查主要依靠夜间值班干部、警卫和专、兼职消防管理人员。重点是检查火源电源以及其他异常情况，及时堵塞漏洞，消除隐患。

4）定期防火检查。这种检查是按规定的频次进行，或者按照不同的季节特点，又或者结合重大节日进行检查。通常由单位领导组织，或由有关职能部门组织，除了对所有部位进行检查外，还要对重点部门进行重点检查。

2. 供电企业的防火巡查

（1）单位防火巡查的频次及要求。消防安全重点单位应当进行每日防火巡查，并确定巡查的人员、内容、部位和频次。其他单位可以根据需要组织防火巡查。

公众聚集场所在营业期间的防火巡查应当至少每 2 小时一次；营业结束时应当对现场

进行检查，消除遗留火种。

防火巡查人员应当及时纠正违章行为，妥善处置火灾危险，无法当场处置的，应立即报告上级。发现初起火灾应当立即报警并及时扑救。

防火巡查应当填写巡查记录，巡查人员及其主管人员应当在巡查记录上签名。

（2）单位防火巡查的内容。单位防火巡查内容主要包括：

1）用火、用电有无违章情况；

2）安全出口、疏散通道是否畅通，安全疏散指示标志、应急照明是否完好；

3）消防设施、器材和消防安全标志是否在位、完整；

4）常闭式防火门是否处于关闭状态，防火卷帘下是否堆放物品影响使用；

5）消防安全重点部位的人员在岗情况；

6）其他消防安全情况。

3. 供电企业的防火检查

（1）单位防火检查的频次及要求。机关、团体、事业单位应当至少每季度进行一次防火检查，其他单位应当至少每月开展一次防火检查。

防火检查应当填写检查记录。检查人员和被检查部门负责人应当在检查记录上签名。

（2）防火检查的内容。进行防火检查的内容应当包括：

1）火灾隐患的整改情况以及防范措施的落实情况；

2）安全疏散通道、疏散指示标志、应急照明和安全出口情况；

3）消防车通道、消防水源情况；

4）灭火器材配置及有效情况；

5）用火、用电有无违章情况；

6）重点工种人员，以及其他员工消防知识的掌握情况；

7）消防安全重点部位的管理情况；

8）易燃易爆危险物品和场所防火防爆措施的落实情况以及其他重要物资的防火安全情况；

9）消防（控制室）值班情况和设施运行、记录情况；

10）防火巡查情况；

11）消防安全标志的设置情况和完好、有效情况。

4. 防火检查的方法

单位防火检查手段直接影响检查的质量。单位消防安全管理人员应根据检查对象的实际情况，灵活运用以下各种手段，了解检查对象的消防安全管理。

（1）查阅消防档案。消防档案是单位履行消防安全职责、反映单位消防工作基本情况和消防管理情况的载体。查阅消防档案应注意以下问题：

1）消防安全重点单位的消防档案应包括消防安全基本情况和消防安全管理情况。其内容必须按照公安部令 61 号第四十二条、第四十三条规定，全面翔实地反映单位消防工作的实际状况。

2）制定的消防安全制度和操作规程是否符合相关法规和技术规程。

3）灭火和应急预案是否可靠。

4）查阅公安机关消防机构填发的各种法律文书，尤其要注意责令改正或重大火灾隐患限期整改的相关内容是否得到落实。

（2）询问员工。询问员工是消防安全管理人员实施防火检查时最常用的方法。为在有限的时间之内获得对检查对象的大致了解，并通过这种了解掌握被检查对象的消防安全状况，防火检查人员可以通过询问或测试的方法直接而快速地获得相关信息。

1）询问各部门、各岗位的消防安全管理人，了解其实施和组织落实消防安全管理工作的概况以及对消防安全工作的熟悉程度。

2）询问消防安全重点部位的人员，了解单位对其培训的概况。

3）询问消防控制室的值班、操作人员，了解其是否具备岗位资格。

4）公众聚集场所应随机抽询数名员工，了解其组织引导在场群众疏散的知识和技能以及报火警和扑救初起火灾的知识和技能。

（3）查看消防通道、防火间距、灭火器材、消防设施等情况。消防通道、消防设施、灭火器材、防火间距等是建筑物或场所消防安全的重要保障，技术规范对此都做了相应的规定。查看消防通道、消防设施、灭火器材、防火间距等，主要是通过眼看、耳听、手摸等方法，判断消防通道是否畅通，防火间距是否被占用，灭火器具是否配置得当并完好有效，消防设施各组件是否完整齐全无损、各组件阀门开关等是否置于规定启闭状态、处于正常允许范围等。

（4）测试消防设施。使用专用检测设备测试消防设施设备的工作状况。要求防火检查员应具备相应的专业基础，熟悉各类消防设施的系统组成和工作原理，掌握检查测试方法以及操作注意的事项。对一些常规消防设施的测试，利用专用检测设备对火灾报警、消防电梯强制性停靠、室内外消火栓压力、消防栓远程启泵、压力开关和水力警铃、末端试水装置、防火卷帘启闭等项目进行测试。

（三）供电企业火灾隐患检查要点

1. 火灾隐患检查要点通用部分

（1）消防工程的合法性。根据《中华人民共和国消防法》《建设工程消防监督管理规定》（公安部令第119号）等相关法律法规，对于建筑工程的合法性进行检查，重点包括：

1）电力调度楼，培训学校的教学楼、食堂、集体宿舍，大型发电、变配电工程，储存、装卸易燃易爆危险物品的仓库，单体建筑面积大于40 000m^{2}或者建筑高度超过50m的公共建筑等需进行消防设计审核，竣工投入使用前应取得公安机关消防机构核发的消防验收合格意见书。

2）除法规规定的人员密集场所及特殊建设工程外，依法需进行消防设计、验收备案的，应取得备案凭证。

3）建设工程内设置的公众聚集场所投入使用、营业前应通过公安机关消防机构检查。

4）建设单位所选用的设计、施工及监理单位应具备相应的资质。

5）建设工程所选用的社会消防技术服务机构及人员应具备相应的资质。

6）建设中使用的消防产品和具有防火性能要求的建筑构件、建筑材料、装修材料应合格，其质量要求必须符合国家标准或者行业标准。

（2）消防安全管理。根据《机关、团体、企业、事业单位消防安全管理规定》（公安部令第 61 号）相关要求，消防安全管理重点检查内容包括：

1）制定消防安全管理制度（重点包括防火检查巡查、火灾隐患整改、用电安全管理、消防设施器材维护保养、员工消防安全教育培训、灭火和应急疏散预案演练等内容）、安全操作规程及动火管理制度。

2）消防控制室值班员每时不少于 2 人，应经过培训，并取得《建（构）筑物消防员》上岗证。

3）消防安全重点单位应当进行每日防火巡查，并确定巡查的人员、内容、部位和频次，并做好记录。

4）每月开展一次防火检查，并做好记录。

5）按照建筑消防设施检查维修保养有关规定的要求，对建筑消防设施的完好有效情况进行检查和维修保养，并有相应的维保报告。

6）设有自动消防设施的单位，应当按照有关规定定期对其自动消防设施进行全面检查测试，并出具检测报告，存档备查。

7）建筑消防设施每年至少进行一次全面检测，并出具检测报告；检测报告存档期限不得少于三年。

8）消防安全重点单位对每名员工应当至少每年进行一次消防安全培训；公众聚集场所对员工的消防安全培训应当至少每半年进行一次；单位的消防安全责任人、消防安全管理人，专、兼职消防管理人员，消防控制室的值班、操作人员等应接受专业培训。以上培训均应有记录。

9）消防安全重点单位应制定灭火和应急疏散预案，并至少每半年进行一次演练。演练应有方案、有记录、有评估总结。

10）消防安全重点单位应当建立健全消防档案，内容包括消防安全基本情况及消防安全管理情况。

11）所配置的移动消防器材如灭火器、防烟面具、正压式空气呼吸器应定点放置，确保压力合格、在有效期内，严禁挪作他用。

（3）消防设备、设施检查要点。

1）消防给水系统。大量火灾统计资料表明，消防给水系统失效的主要原因是阀门关闭和系统供水中断。因此，对消防给水系统的验收与监督检查应重视供水系统是否可靠，该开启的阀门是否都处于全开启状态，检查消防水泵的动作、系统的报警联动、组件的完整有效，使系统处于准工作状态。

a. 消防供水设施的检查要点。

（a）供水水源。

a）利用市政给水作供水水源，应检查给水管网进水管的管径及供水能力；利用天然水源作系统的供水水源，应检验水质是否符合设计要求，并应检查枯水期最低水位对确保消防用水的技术措施。自动喷水灭火系统利用露天水池或天然水源作系统的供水水源时，需在水源进入消防水泵前的吸水口处设具有自动除渣功能的固液分离装置，而不能用栅格除渣。

b）天然水源、消防水池和消防水箱等储存的消防用水量应符合设计要求，消防用水不挪作他用的设施应正常，消防水池和消防水箱的补水设施应正常，寒冷地区消防水池和消防水箱的防冻措施应完好。

c）供消防车取水的消防水池和天然水池，保护半径应符合规范要求，水深应保证消防车的吸水高度不超过 6m，取水口（取水码头）的设置位置应便于消防车停靠取水，取水口距离建筑物、储罐的距离应符合规范要求。

d）消防水箱的设置高度应保证最不利点处消火栓的静水压力或喷头的最低工作压力，当消防水箱的设置高度不能满足要求时，采取的增压设施应符合设计要求。

（b）稳（增）压泵、气压罐。

a）稳（增）压泵的流量和压力、气压罐的出水量应符合设计要求，均出口阀门应常开。

b）对消防气压给水设备，当系统气压下降到设计最低压力时，通过压力变化信号启动稳（增）压泵应运行正常，启泵与停泵应符合设定值，压力表显示应正常。

（c）消防水泵房、消防水泵。

a）消防水泵房的耐火等级、设置位置、安全出口、应急照明和地面排水等应符合设计要求。

b）消防水泵和水泵控制柜应注明系统名称和编号的标志。

c）消防工作泵、备用泵、吸水管、出水管及出水管上的防超压装置、水锤消除措施、止回阀、信号阀、试验用放水阀、压力表等的规格、型号、数量应符合设计要求；吸水管、出水管上的控制阀应锁定在常开位置，标志牌应正确。

d）消防水泵应采用自灌式吸水或其他可靠的引水措施。

e）水泵控制柜按钮应能启停每台消防水泵，消防水泵启动运行和停止应正常，指示灯、仪表显示应正常，压力表、试水阀及防超压装置等应正常，并有向消防联动控制设备反馈水泵状态的信号。

f）以备用电源切换方式或备用泵切换启动消防水泵，消防水泵应能正常运行。消防工作泵、备用泵转换运行 1～3 次。

（d）水泵接合器。

a）水泵接合器的数量及设置位置应符合设计要求。对水泵接合器的数量按建筑物室内消防用水量和每个水泵接合器流量 10～15L/s 校核，其设置位置距室外消火栓或消防水池宜为 15～40m。

b）应有注明所属系统和区域的标志牌。控制阀应常开，且启闭灵活。安全阀及止回阀的安装位置和方向应正确，寒冷地区防冻措施应完好。

c）地下式水泵接合器井内应有足够的操作空间，不应有积水或积聚的垃圾、砂土。水泵接合器采用墙壁式时，其上方应设有防坠落物打击的措施。

d）水泵接合器进行通水试验，检查供水功能。

b. 消火栓系统的检查要点。

（a）室外消火栓。

a）设置数量和位置检查。室外消火栓数量应能满足建筑室外消防用水量的需要，每个室外消火栓的用水量按 10～15L/s 核算；室外消火栓的间距应符合规范要求，消火栓的设置位置距离路边一般不应大于 2m，距离房屋外墙不宜小于 5m；地上消火栓栓口的位置应方便操作。

b）外观检查。消火栓不应被埋压、圈占，寒冷地区消火栓的防冻措施应完好。栓体外表油漆应无脱落、锈蚀，用专用扳手转动消火栓启闭杆，启闭应灵活。橡胶垫圈等密封件应无损坏、老化或丢失情况。

地下应有足够的操作空间，不应有积水或积聚的垃圾、砂土。

c）出水检查。消火栓前端阀门井内的阀门应开启，打开消火栓，测试压力、流量，检查供水情况。在放净锈水后关闭，不应有漏水现象。

（b）室内消火栓。

a）设备部位检查。室内消火栓应设在走道、楼梯附近等位置明显且易于操作的位置，相邻消火栓的间距应符合设计要求。一般情况下，室内消火栓的布置应保证每一个防火分区同层有两支水枪的充实水柱同时到达任何位置，高层民用建筑室内消火栓的布置应保证同层相邻两个消火栓水枪的充实水柱同时到达被保护范围内的任何位置。

b）外观检查。消火栓箱应有明显的标志，箱门不应被装饰物遮掩，四周的装修材料的颜色与箱门的颜色应有明显区别。箱门开关应灵活，开度符合要求。

同一建筑内应采用统一规格的室内消火栓，消火栓箱组件如室内消火栓、水枪、水带、消防卷盘等齐全完好，无锈蚀、渗漏，接口、垫圈完整无缺，水带长度符合要求。消火栓阀门启闭应灵活，栓口离地面高度宜为 1.1m（允许偏差±20mm），出水口方向宜向下或与设置墙面垂直。

启泵按钮应牢固，外观完好，有透明罩保护。

c）系统管网检查。对需要设置环状消防给水管网的建筑，应复核管网的布置是否符合要求。

管道的材质、管径、接头及采取的防腐、防冻措施应符合设计规范及设计要求。聚乙烯类管道、聚氯乙烯类管道、铝塑复合管等不得用于室内消防系统，不得与消防和生活给水合用系统相连接。

管道上用于分隔管段的阀门设置应符合规范要求，阀门应被锁定在常开状态并有明显的启闭标志；消防水泵、高位消防水箱和水泵接合器至室内供水管网的管段上，均应设置有止回阀，且应保证水流方向流向室内管网。

d）系统功能检查。可选取屋顶层试验消火栓和首层消火栓进行测试。连接压力表及闷盖，开启消火栓，可测量栓口静水压力。做试射试验，可观测出水流量和压力情况。对于常高压给水系统，可直接观测出水流量和压力是否符合设计要求。当采用市政管网给水系统时，应按常高压给水系统的要求进行试验。对于临时高压给水系统，可按下列步骤实施：

将系统置于自动状态：连接水带、水枪，开启消火栓，稳（增）压泵应启动，观测水量水压情况；触发启泵按钮，消火栓泵应直接启动，同时启泵按钮的确认灯显示，在测试处观测水量水压变化情况，栓口出水压力不应大于 0.5MPa，水枪的充实水柱和流量应符合设计要求；消火栓泵启动后，稳（增）压泵应停止运行。消防控制室应能显示启泵按钮的位置（该功能按启泵按钮实际安装数量 5%～10%的比例抽验），显示消火栓泵的工作状态。

消防控制室设有消火栓泵的直接手动控制装置，由控制室停泵、启泵，可测试系统远距离操作是否灵敏可靠。消防控制室内操作启、停泵 1～3 次。

消防水泵房内启、停泵，测试消火栓泵启动运行是否正常，信号反馈是否正确。

2）自动喷水灭火系统的检查要点。

a. 自动喷水灭火系统的检查。自动喷水灭火系统的验收主要包括供水设施、报警阀组、管网、喷头的检查，系统流量、压力测试和系统模拟灭火功能试验。其中，供水设施的检查验收与本节前述内容相同。

（a）外观检查。

a）报警阀组检查。检查报警阀组是否注明有系统名称和保护区域的标志牌，压力表显示是否符合设定值；检查报警阀组的水源控制阀和报警阀报警口与延迟器之间的控制阀是否处于全开启状态，采用信号阀时，反馈信号应正确；干式报警阀组、配有充气装置的预作用报警阀组、采用气压传动管的雨淋报警阀组，其空气压缩机和气压控制装置状态应正常；打开手动试水阀或电磁阀时，雨淋阀组动作应可靠；检查水力警铃的设置是否正确，同时尚应注意消防水箱的出水管是否连接在报警阀前。

b）系统管网检查。检查管道的材质、管径、接头、连接方式及采取的防腐、防冻措施是否符合设计要求；检查管网排水坡度、辅助排水设施及配水支管、配水管、配水干管设置的支架、吊架和防晃支架是否符合规范的规定；检查管网不同部位安装的报警阀组、闸阀、止回阀、电磁阀、信号阀、水流指示器、末端试水装置、试水阀、减压孔板、节流管、减压阀、柔性接头、排水管、排气阀、泄压阀等是否符合设计要求；检查报警阀后的管道上是否安装其他用途的支管或水龙头。

c）喷头检查。检查喷头的规格、型号、公称动作温度、响应时间指数（Response Time Index，RTI）是否与设置场所相适应；检查喷头的安装间距，喷头与楼板、墙、梁等障碍物的距离是否符合规范要求；检查喷头特别是边墙型喷头的安装方向是否正确；检查有腐蚀性气体的环境和有冰冻危险场所安装的喷头是否采取了防护措施，有碰撞危险场所安装的喷头是否加设了防护罩；检查喷头的备用品，其备用品数量不应小于安装总数的 1%，且每种喷头不应少于 10 个。

d）末端试水装置和试水阀检查。检查末端试水装置和试水阀的位置是否便于试验，是否有相应的排水能力和排水设施，末端试水装置的出水应采用孔口出流的方式排入排水管道。

（b）系统模拟灭火功能试验。

a）湿式系统。进行模拟火灾试验前，稳压设施正常工作，系统管道内有保持一定压力的水；开启末端试水装置的试水阀，系统出水压力不应低于 0.05MPa，报警阀、水流指示器、压力开关应动作；报警阀动作后，水力警铃应鸣响；压力开关动作后，应自动启动喷淋泵，稳压设施停止工作；消防控制室的联动控制设备应显示水流指示器、压力开关及喷淋泵的反馈信号，并能直接手动启停喷淋泵（消防控制室内操作启、停泵 1～3 次，以下同）。

b）干式系统。进行模拟火灾试验前，稳压和充气设施正常工作，干式报警阀前充满保持一定压力的水，干式报警阀后充满保持一定压力的气体。开启末端试水装置的试水阀，加速器、报警阀、水流指示器、压力开关应动作；报警阀动作后，水力警铃应鸣响；压力开关动作后，应自动启动喷淋泵和联动启动排气阀入口电动阀，稳压和充气设施停止工作；消防控制室的联动控制设备应显示加速器、水流指示器、压力开关、电动阀及喷淋泵的反馈信号，并能直接手动启停喷淋泵和启闭电动阀。

c）预作用系统。进行模拟火灾试验前，火灾自动报警系统投入运行、稳压设施正常工作。使同一作用区的相邻两个探测器动作，火灾报警控制器确认后应自动打开雨淋阀的电磁阀，雨淋阀开启，系统充水，水流指示器、压力开关应动作；雨淋阀动作后，水力警铃应鸣响；压力开关动作后，应自动启动喷淋泵，同时开启排气阀入口电动阀（试验同时还应手动开启末端试水装置的试水阀），稳压设施停止工作；消防控制室的联动控制设备应显示电磁阀、水流指示器、压力开关、电动阀及喷淋泵的反馈信号，并能直接手动启停喷淋泵和启闭电动阀、电磁阀。火灾报警控制器确认火灾后 1min，末端试水装置的出水压力不应低于 0.05MPa。

d）雨淋系统。当采用传动管控制的系统时，传动管泄压后，应联动开启雨淋阀，压力开关应动作；当采用火灾探测器控制的系统时，火灾报警控制器确认后应自动打开雨淋阀的电磁阀，开启雨淋阀，压力开关应动作；雨淋阀动作后，水力警铃应鸣响；压力开关动作后，应自动启动喷淋泵；消防控制室的联动控制设备应显示电磁阀、压力开关及喷淋泵的反馈信号，并能直接手动启停喷淋泵和启闭电磁阀；并联设置多台雨淋阀组的系统，逻辑控制关系应符合设计要求。

水喷雾系统和自动控制的水幕系统，其检查与雨淋系统相同。手动操作的水幕系统，控制阀的启闭应灵活可靠。

（c）系统流量、压力测试。

a）在报警阀与管网之间的供水干管上，应安装由控制阀、检测供水压力、流量用的仪表及排水管道组成的系统流量压力检测装置，其过水能力应与系统过水能力一致；干式报警阀组、雨淋报警阀组应安装检测时水流不进入系统管网的信号控制阀门。可通过系统流量压力检测装置进行放水试验，检查系统流量、压力是否符合设计要求。

b）可通过系统流量压力检测装置进行系统联动控制功能检查。特别是干式系统、预作用系统、雨淋系统、水喷雾系统和自动控制的水幕系统，当系统不能进行充水或喷射试验时，可关闭水流不进入系统管网的信号控制阀门，开启系统流量压力检测装置放水阀进行联动功能测试。通过系统流量压力检测装置进行放水试验时，湿式系统、干式系统、预作用系统的水流指示器不会动作。

（d）检查自动喷水灭火系统的注意事项。

a）若建（构）筑物的使用性质或储存物的安放位置、堆存高度有改变，应检查系统的适用性。影响到系统功能而需要进行修改时，应重新进行设计和安装。

b）应重点检查系统控制阀门的开启状态和系统的运行状况，进行系统模拟灭火功能试验。阀门检查时应特别注意喷淋泵的进出口阀、气压给水装置的进出口阀、消防水箱出水管上的控制功阀、报警阀组的水源控制阀和报警阀报警口与延迟器之间的控制阀、配水管上的安全信号阀等是否处于全开启状态，采用信号阀时，反馈信号应正确。

c）喷头检查时应注意喷头是否存在变形、附着物、悬挂物和被遮挡的情况，检查喷头的安装间距、喷头与保护对象、顶板和障碍物的距离是否符合规范要求，特别是不能通过设置集热挡水板来放宽喷头溅水盘与顶板的距离，应注意装设通透性吊顶的场所，喷头应布置在顶板下。

3）泡沫、气体灭火系统。

a. 泡沫灭火系统的检查要点。供电企业中采用的泡沫灭火系统主要为合成型泡沫喷雾灭火系统，由泡沫储液罐、氮气启动瓶、氮气动力瓶、高压管道、电动阀以及管网、水雾喷头组成，检查要点如下：

（a）外观检查。储液罐主要检查是否有损伤、腐蚀、漏液，压力指示为零。氮气启动瓶主要检查是否有损伤，腐蚀；正常状态下，压力表显示为零，铅封完好；压力测试时不低于 4MPa。氮气启动瓶上的电磁阀应铅封完好，保险卡环位置正确，保险插销应取下。氮气动力瓶主要检查是否有损伤，腐蚀；正常状态下，压力表显示为零，铅封完好；压力测试时不低于 8MPa。高压气体管道主要检查管道阀门是否处于开启状态，开启操作应灵活。电动阀主要检查是否在关闭位置。储液罐到水雾喷头的管道间手动阀门应开启、关闭灵活，正常处于开启状态。电动阀、手动阀均应有表明开启或关闭的明显的标识；主变泡沫灭火系统还应准确标明管道相及泡沫液流向。水雾喷头外观检查应无锈蚀、无堵塞。泡沫液主要检查是否超过有效期。氮气启动瓶、氮气动力瓶是否在特种设备气瓶检测有效期内。

（b）泡沫灭火系统功能试验。取下氮气启动瓶电磁阀，通过消防控制主机手动启动，检查电磁阀探针是否完全弹出；取下电磁阀卡环，手动按下电磁阀按钮，探针是否完全弹出。

通过消防控制主机启动相应电动阀，检查电动阀是否完全打开无卡涩；手动开启、关闭电动阀应灵活无卡涩，且准确到达打开、关闭位置。

（c）根据实际情况做喷泡沫试验。喷泡沫试验原则上应按系统验收的要求进行，考虑到喷泡沫试验不能直接向防护区喷射及成本费用，可结合单位的实际情况进行水喷淋试验。结合变电站主变停电，将储液罐内的泡沫液更换为水，动力源保持不变，进行模拟火灾情况下的喷淋试验，检查电动阀、管道、水雾喷头的情况是否正常。

b. 气体灭火系统的检查要点。

（a）检查防护区的封闭性是否良好和安全设施是否齐全完好。

（b）检查灭火剂的充装量和储存压力。

（c）对防护区进行模拟启动试验检查，可结合系统年检对相关防护区进行模拟喷气试验。

4）消防电气、火灾自动报警系统。

a. 消防电源及其配电。

（a）核对消防控制室、消防水泵、消防电梯、防排烟设施、火灾自动报警系统、漏电火灾报警系统、自动灭火系统、应急照明、疏散指示标志和电动的防火门、窗、防火卷帘、阀门等消防设备用电的负荷等级是否符合设计要求和现行国家有关标准的规定。

（b）检查消防配电线路。核查消防用电设备是否采用专用的供电回路，其配电线路的敷设及防火保护是否符合规范的要求。

（c）检查消防设备配电箱。消防设备配电箱应有区别于其他配电箱的明显标志，不同消防设备的配电箱应有明显的区分标志；配电箱上的仪表、指示灯的显示应正常，开关及控制按钮应灵活可靠；查看消防控制室、消防水泵房、防烟与排烟风机房的消防用电设备及消防电梯等的供电是否在配电线路的最末一级配电箱设置自动切换装置。

（d）核对配电箱控制方式及操作程序是否符合设计要求并进行试验。自动控制方式下，手动切断消防主电源，观察备用消防电源的投入及指示灯的显示；人工控制方式下，手动切断消防主电源，后闭合备用消防电源，观察备用消防电源的投入及指示灯的显示。

b. 自备发电机组。

（a）查看发电机的规格、型号，检查容量、功率是否符合设计要求。

（b）发电机启动试验。自动控制方式启动发电机达到额定转速并发电的时间不应大于30s，发电机运行及输出功率、电压、频率、相位的显示均应正常；手动控制方式下启动发电机，输出指标及信号显示正常；机房通风设施运行正常。

（c）柴油发电机储油设施检查。燃油标号应正确，储油箱的油量应能满足发电机运行3～8h 的用量，油位显示应正常，储油箱应密闭，且应设置通向室外的通气管，通气管应设置带阻火器的呼吸阀。油品的下部应设置防止油品流散的设施。

c. 消防设备应急电源。

（a）主要部件检查。检查消防设备应急电源材料（重点是电池的制造厂、型号和容量等）、结构是否与国家级检验机构出具的检验报告所描述的一致。

（b）功能检查。确认消防设备应急电源与由其供电的消防设备连接并接通主电源，处于正常监视状态。断开主电源，消防设备各应急电源应能按标称的额定输出容量为消防设备供电，使由其供电的所有消防设备处于正常状态。

d. 火灾自动报警系统的检查要点。火灾自动报警系统检查的内容包括火灾报警系统装置（包括各种火灾探测器、手动火灾报警按钮、火灾报警控制器和区域显示器等），消防联动控制系统（含消防联动控制器、气体灭火控制器、消防电气控制装置、消防设备应急电源、消防应急广播设备、消防电话、传输设备、消防控制中心图形显示装置、模块、消防电动装置、消火栓按钮等设备），自动灭火系统控制装置（包括自动喷水、气体、干粉、泡沫等固定灭火系统的控制装置），消火栓系统的控制装置，通风空调、防排烟及电动防火阀等控制装置，电动防火门控制装置、防火卷帘控制器、火灾警报装置，火灾应急照明和疏散指示控制装置，切断非消防电源的控制装置，消防电梯和非消防电梯的回降控制装置，电动阀控制装置和消防联网通信等装置的安装位置、施工质量和功能等。

（a）外观检查。

a）检查系统的主电源、备用电源、自动切换装置等安装位置及施工质量。火灾自动报警系统主电源应有明显标志，主电源的保护开关不应采用漏电保护开关，控制器的主电源引入线，应直接与消防电源连接，严禁使用电源插头。

b）检查系统接地和系统布线。检查系统是否实施工作接地、保护接地，检查工作接地形式、接地电阻、系统布管材质、布线选型、管线的敷设方式及其防火保护是否符合设计和施工质量要求。

c）检查火灾探测器（含可燃气体探测器）的类别、型号、适用场所、安装高度、保护半径、保护面积和安装间距，手动火灾报警按钮、火灾警报装置和消防专用电话的设置位置、数量，扩音机的容量，以及扬声器的设置位置、功率、数量是否符合设计和施工质量要求。

d）检查火灾报警控制器含可燃气体报警控制器、消防联动控制设备、区域显示器（火灾显示盘）的安装位置、型号、数量、类别及安装质量。火灾报警控制器、联动控制设备、区域显示器（火灾显示盘）的各种旋钮、按键、开关、插座、插件等外形和结构应完好、文字符号和标志应清晰。

e）检查消防控制室的位置、安全出口、应急照明以及通风管道、电气线路和管路的设置等是否符合设计要求。

（b）火灾报警控制器、消防联动控制设备、区域显示器（火灾显示盘）电源切换功能检查。切断火灾报警控制器、消防联动控制设备、非火灾报警控制器供电的区域显示器的主电源，能自动转换到备用电源；恢复主电源，能自动转换到主电源。观察电源转换时指示灯变化情况，主、备电源的工作状态应有指示，主、备电源的转换不应使火灾报警控制器、消防联动控制设备产生误动作。主、备电源的自动转换装置，应进行 3 次转换试验，每次试验均应正常。

（c）火灾报警控制器、消防联动控制设备、区域显示器（火灾显示盘）的自检功能检查。操作火灾报警控制器、联动控制设备、区域显示器（火灾显示盘）自检装置，观察声、光报警情况和指示灯、显示器、音响器件所处的状态。火灾报警控制器、联动控制设备在执行自检功能期间，受其控制的外接设备和输出接点均不应动作。火灾报警器、联动控制设备、区域显示器（火灾显示盘）应能手动检查其面板所有指示灯（器）、显示器的功能。

火灾报警控制器和消防联动控制器按实际安装数量进行功能检验，消防联动系统中的其他各种用电设备、区域显示器按下列要求进行功能抽验：实际安装数量 5 台以下的，全部检验；实际安装数量为 6～10 台的，抽验 5 台；实际安装数量超过 10 台的，按实际安装数量 30%～50% 的比例，但不少于 5 台抽验。

（d）系统功能检查。

a）测试火灾报警、火灾报警控制功能。采用专用的检测仪器或模拟火灾的方法（对于不可恢复的火灾探测器采取模拟报警的方法）进行火灾探测器实效模拟试验，或者触发手动火灾报警按钮试验。

火灾探测器动作，向火灾报警控制器输出火灾报警信号，并在手动复位前予以保持（对于点型感烟、感温火灾探测器应观察报警确认灯是否启动）。手动火灾报警按钮被触发时，应向火灾报警控制器输出火灾报警信号，同时启动按钮的报警确认灯，并能手动复位。

火灾报警控制器能接收来自火灾触发器件的火灾报警信号，观察火灾报警声、光信号情况和指示火灾的发生部位与试验部位对应是否准确；火灾报警光信号在火灾报警复位之前应不能手动消除，而火灾报警声信号应能手动消除，但再有火灾报警信号输入时，应能重新启动。火灾报警控制器应能记录火灾报警时间。除复位操作外，对火灾报警控制器的任何操作均不应影响控制器接收和发出火灾报警信号。

区域显示器（火灾显示盘）能接收和显示来自火灾报警控制器火灾报警信号，火灾报警光信号在火灾报警控制器复位之前不能手动消除，而火灾报警声信号能手动消除，但再有火灾报警信号输入时，应能重新启动。

火灾报警装置应在接收火灾报警控制器输出的控制信号后，发出声警报或声、光警报，环境噪声大于 60dB 的场所，声报警的声压级应高于背景噪声 15dB。

b）测试故障报警、火灾报警优先功能，使火灾报警控制器内部或控制器与其连接的部件间处于故障状态。

火灾报警控制器应在 100s 内发出与火灾报警信号有明显区别的故障声、光信号（短路时发出火灾报警信号除外），故障声信号应能手动消除并有消音指示，当有新故障报警信号时，故障声信号应能再次启动，故障光信号在故障排除之前应能保持；观察故障显示的部位或类型是否与设定相符。故障期间，非故障回路的正常工作不受影响。被隔离的部件、设备应有隔离状态光指示，并能查寻或显示被隔离部件、设备的部位。

在故障状态下，使任一火灾触发器件发出火灾报警信号，火灾报警控制器应能接收火灾报警信号，在 1min 内发出火灾报警声、光信号，指示火灾发生部位，记录火警时间，并予以保持；再使其他火灾触发器件发出火灾报警信号，检查火灾报警控制器的再次报警功能。

报警控制器信息显示按火灾报警、监管报警及其他状态顺序由高至低排列信息显示等级，高等级的状态信息应优先显示，低等级状态信息显示不应影响高等级状态信息显示，显示的信息应与对应的状态一致且易于辨识。当控制器处于某一高等级状态显示时，应能通过手动操作查询其他低等级状态信息，各状态信息不应交替显示。

火灾探测器（含可燃气体探测器）和手动火灾报警按钮进行模拟火灾响应（可燃气体报警）试验和故障报警抽验的比例为：实际安装数量在 100 只以下的，抽验 20 只（每个回路都应抽验）；实际安装数量超过 100 只，按实际安装数量 10%～20%比例，但不少于 20 只抽验。被抽验探测器的试验均应正常。

c）消防联动控制设备功能测试。当系统处于可联动控制状态时，消防联动控制设备能直接或间接地接收来自火灾报警控制器或火灾触发器件的相关火灾报警信号，并发出火灾报警声、光信号，火灾报警声信号能手动消除，火灾报警光信号在消防联动控制设备复位前应予以保持。根据建筑消防设施设置情况，消防联动控制设备在接收到火灾报警信号后，应按设定的逻辑关系和要求输出和显示相应控制信号。消防联动控制设备能以手动或自动两种方式完成相应的联动控制功能，能指示手动或自动操作方式的工作状态。在自动方式操作过程中，手动插入操作优先。

（e）火灾应急广播系统功能检查。火灾应急广播系统按实际安装数量的 10%～20%进行功能检验。

a）在消防控制室选层用话筒播音，检查播音区域是否正确、音质是否清晰，并对扩音机和备用扩音机进行全负荷试验。

b）自动控制方式下，模拟火灾报警，核对按设定的控制程序自动启动火灾应急广播的区域，检查音响效果。

c）火灾应急广播与公共广播合用时，公共广播扩音机处于关闭和播放状态下，能在消防控制室自动和手动将火灾疏散层的扬声器和公共广播扩音机强制切换到火灾应急广播。

d）用声级计测试启动火灾应急广播前的环境噪声，当大于 60dB 时，重复测试启动火灾应急广播启动后扬声器播音范围内最远点的声压级，并与环境噪声对比。火灾应急广播应高于背景噪声 15dB。

（f）消防专用电话功能检查。

a）消防专用电话分机应以直通方式呼叫，消防控制室与设备间所设的对讲电话进行1～3次通话试验，通话音质应清晰。

b）消防控制室应能接受插孔电话的呼叫，消防控制室与设置插孔电话的场所（按实际安装数量的10%～20%）进行通话试验，通话音质应清晰。

c）消防控制室应设置可直接报警的外线电话，与另一部外线电话模拟报警电话进行1～3次通话试验。

5）火灾应急照明和疏散指示标志的检查要点。

a. 外观检查。

（a）火灾应急照明和疏散指示标志的类别、型号、数量、设置场所、安装位置、间距等符合设计要求，表面应无机械损伤、紧固部位应无松动。

（b）灯具与供电线路之间不得使用插头连接，必须在预埋盒或接线盒内连接。

（c）灯具安装应牢固，不应对人员的正常通行产生影响，周围无遮挡物和容易混淆的其他标志灯（牌），带有疏散方向指示箭头的疏散指示标志应与实际疏散方向一致。

（d）火灾应急照明和疏散指示标志状态指示灯应正常。自带电源型和子母电源型火灾应急照明指示标志应设主电、充电、故障状态指示灯，主电状态用绿色，充电状态用红色，故障状态用黄色。集中电源型火灾应急照明和疏散指示标志的应急电源应设主电、充电、故障和应急状态指示灯，主电状态用绿色，故障状态用黄色，充电和应急状态用红色。

b. 基本功能检查。

（a）切断正常供电电源，检查火灾应急照明和疏散指示标志系统的状态和显示是否正确，检查是否设有影响应急功能的开关，检查火灾应急照明和疏散指示标志是否在5s内自动转换进入点亮状态（进行1～3次使系统转入应急状态检验），有条件时可检测应急工作状态的持续时间。

（b）检查照度是否符合设计要求和国家有关标准的规定。使用照度计，检查两个疏散照明灯之间地面中心的照度、灯光疏散指示标志前通道中心处地面的照度是否满足设计要求，有条件时可检测达到规定的应急工作状态持续时间的照度；消防控制室、消防水泵房、防烟排烟机房、配电室、自备发电机房、电话总机房以及发生火灾时仍需坚持工作的其他房间，使用照度计测量正常照明时的工作面照度，切断正常照明后检测应急照明时工作面的最低照度是否满足设计要求。

（c）系统复位检查。正常供电电压恢复后，应自动恢复到正常供电电源工作状态。

（d）辅助性自发光疏散指示标志检查。当正常光源变暗后，应自发光。

6）防排烟系统的检查要点。防排烟系统设计施工质量的优劣，直接影响人员的安全疏散。防排烟系统设置不完善、自然排烟设施达不到排烟的目的、机械加压送风系统难以达到所要求的余压和机械排烟系统的排烟效果不明显，以及火灾报警、风阀、风机之间的联动控制功能不完善，是防排烟系统验收与监督检查中存在的突出问题。因此，防排烟系统的验收与监督检查应重点注意以下几个方面：

a. 系统设置检查。主要检查防排烟的设置部位、防烟分区的划分和挡烟设施的设置是否符合规范要求，系统设置方式是否正确。

b. 风机和控制柜检查。风机和控制柜应有注明系统名称和编号的标志，加压送风机、排烟风机的铭牌应清晰，风量、风压符合设计要求；在风机房直接启动风机，启动后运转应正常，控制柜仪表、指示灯应显示正常，开关及控制按钮应灵活可靠；消防控制室远程手动启、停风机，运行及反馈信号应正常；现场测试时应查看风口气流方向，检查风机是否正常；检查风机最末一级配电箱，风机应采用消防电源，并在最末一级配电箱上做切换功能试验。防排烟机应全部检验，消防控制室直接启停、现场手动启停防排烟风机1～3次。

c. 加压送风口（阀）、排烟口（阀）检查。加压送风口（阀）、排烟口（阀）安装应牢固，电动、手动开启与手动复位操作应灵活可靠，关闭时应严密，在消防控制室的反馈信号应正确，其设置位置、截面尺寸、数量应符合设计要求和规范的规定。防排烟设备的阀门应按实际数量的10%～20%的比例抽验，消防控制室开启、现场手动开启防排烟阀门1～3次。在工程实际中，风口（阀）启闭不灵，应予以重视。

d. 自然排烟窗检查。自然排烟窗应为开启外窗，宜设置在上方，并有方便开启的装置，其开窗面积应符合设计要求。应防止户外广告牌、室内固定家具封闭、遮挡自然排烟窗。电动排烟窗的电动、手动开启与电动复位操作应灵活可靠，关闭应严密，消防控制室反馈信号正确。

e. 送风管道（竖井）和排烟管道（竖井）检查。送风管道（竖井）和排烟管道（竖井）检查管道的材质应符合规范要求，尤其应注意的是有相当多的工程因竖井不抹灰、管道连接不严实、常闭风口关闭不严密，漏风十分严重，甚至管道内杂物沉淀，导致送风口、排烟口的风速、风量达不到设计要求。

f. 系统联动控制功能测试。自动控制方式下，模拟火灾报警，根据设计模式，相应区域的空调送风停止，电动防火阀关闭，相应区域的加压送风口、加压送风机开启，相应区域的活动挡烟垂壁下垂，电动自然排烟窗、排烟口、排烟风机开启（设有补风系统的，应在启动排烟风机的同时启动送风机），并向火灾报警控制器或联动控制设备反馈信号。当通风与排烟合用双速风机时，应能自动切换到高速运行状态。可采用微压计，在风机保护区的顶层、中间层及最下层测量防烟楼梯间、前室、合用前室的余压，防烟楼梯间的余压值应为40～50Pa，前室、合用前室的余压应为25～30Pa。测量送风口、排烟口的风速，可采用风速仪，送风口风速不宜大于7m/s，排烟口风速不宜大于10m/s。

7）防火门的检查要点。

a. 检查防火门的规格、种类、级别、数量、安装位置及施工质量是否符合设计要求和国家有关标准的规定。防火门应为向疏散方向开启的平开门；防火门组件应齐全完好，应启闭灵活，关闭严密；防火门外观应完整，无破损。

b. 防火门的基本功能检查。用于疏散的走道、楼梯间和前室的防火门应具有自动，双扇、多扇防火门应具有按顺序关闭的功能，关闭后应能从任何一侧手动开启。常闭式防火门不应处于开启状态，严禁将安全出口的防火门上锁、遮挡。

c. 常开防火门的联动控制功能检查（5樘以下的全部检验，超过5樘的按实际安装数量20%的比例、但不小于5樘抽验）。自动控制方式下，使常开防火门任一侧的火灾探测器报警，防火门应能自动关闭，并将关闭信号反馈到消防控制室联动控制设备上；在消防控制室启动防火门的关闭装置，防火门应能自动关闭，信号反馈应正确。

d. 检查设有出入口控制系统的防火门。设置在疏散通道上、并设有出入口控制系统的防火门，应保证火灾时不需使用钥匙等任何工具即能从内部易于打开，并应在显著位置设置标识和使用提示。一般情况下，应能采取与火灾报警联动、现场手动、消防控制室手动和推门（杠）式外开门等措施解除出入口控制系统，并有信号反馈。

8）防火卷帘的检查要点。

a. 防火卷帘组件应齐全完好，紧固件应无松动现象，门扇各接缝处、导轨、卷筒等缝隙应有防火防烟密闭措施。

b. 防火卷帘控制器的电源检查。防火卷帘控制器的主电源、备用电源应能自动切换。切断防火卷帘控制器的主电源和卷门机的电源，控制器的备用电源应能提供控制器控制速放装置完成卷帘自重垂降、控制卷帘在中限位停止、延时后降至下限位置所需的电源。

c. 检查防火卷帘的运行状况。现场手动、远程手动、自动控制和机械操作应正常，信号反馈应正确。运行时应平稳顺畅、无卡涩现象，关闭时应严密。

操作方法：机械操作防火卷帘升降、触发防火卷帘侧的手动控制按钮；消防控制室启动防火卷帘的半降、全降控制装置。

自动方式下分别触发两个相关的探测器，防火卷帘控制器接收来自与其相连的消防联动控制设备半降、全降控制信号，输出控制防火卷帘完成相应动作信号，并发出防火卷帘动作声、光指示，防火卷帘按设定的程序自动下降；在下降的过程中，防火卷帘侧的手动控制按钮具有优先功能。安装在疏散通道上的防火卷帘，应在一个相关探测器报警后下降至距地面 1.8m 处停止；另一个相关探测器报警后，卷帘应继续下降至地面。仅用于防火分隔的防火卷帘，火灾报警后，应直接下降至地面。

d. 防火卷帘的保护装置检查。设有水幕、闭式喷淋保护的防火卷帘，水幕、闭式系统的设置位置、消防用水量、火灾持续时间等应符合设计要求。对于汽雾式（蒸发式、水雾式）防火卷帘，应在确认火灾后（可通过火灾探测器或温感喷头传动装置），自动或在消防控制室手动开启与卷帘配套的供水管上的电磁阀，并向消防控制室联动控制设备反馈其动作信号。

e. 监督检查中需要注意的事项：① 防火卷帘常常因火灾探测器误报而误动作，应防止防火卷帘控制器的电源和卷门机的电源被关闭；② 防火卷帘下不能堆放物品。

9）消防电梯的检查要点。

消防电梯的检验应进行 1～2 次人工控制和联动控制功能检验，非消防电梯应进行 1～2 次联动返回首层功能检验，其控制功能、信号均应正常。

a. 触发首层的消防电梯迫降按钮，检查消防电梯能否下降至首层，并发出反馈信号，此时其他楼层按钮不能呼叫消防电梯，只能在轿厢内控制。

b. 模拟火灾报警，检查消防控制设备能否手动和自动控制电梯返回首层，并接收反馈信号。

c. 轿厢内的专用电话应能与消防控制室或电梯机房通话。

d. 观测从首层到顶层的运行时间是否超过 60s。

e. 查看消防电梯的井底排水设施。

（4）用电用火检查要点。

1）用电检查要点。

a. 电器设备安装和维修，必须由专门电工按规定进行，新设备增设、更换必须经相关部门批准后方可使用。电工人员应持证上岗，严格执行电工手册的规定，不得违反操作规程。

b. 电器设备和线路不准超负荷使用。接头要牢固，绝缘要良好。禁止使用不合格的保险装置。

c. 所有电器设备和线路要定期检修并建立明火制度，发现可能引起火花、短路、发热及电线绝缘损坏情况必须立即修理。

d. 在储存易燃液气体钢瓶、石油及其他化学危险品库内敷设的照明线路，应用金属逃和并采用防爆型灯具和开关。

e. 禁止在任何灯头上使用纸、布或其他可燃材料作灯罩。

f. 在任何部位安装、修理电器设备，在未经做度验正式使用之前工作人员离开现场时，必须切断设备的电源。

2）用火检查要点。

a. 应当建立严格的动火审批管理制度。

b. 电焊、气割等动火作业人员应持证上岗，严格按照动火操作规程执行。

c. 气焊、气割减压阀、管道等器具应完好，不可出现泄漏。

d. 气焊、气割时所使用的氧气瓶、乙炔瓶离动火点的安全距离应超过 10m，且两者之间的距离不小于 5m。

e. 动火作业前应做好防火措施，过程中加强监护。

f. 氧气瓶及器具不得沾上油脂、沥青等物质，避免与高压氧气接触发生燃烧。严禁乙炔与铜、银、汞类物质接触，以防发生爆炸。

g. 动火周围应清除可燃物。禁止在"严禁明火"的部位及周围进行焊割，禁止焊割未经清洗的可燃气、易燃气、液体及喷漆用过的容器和设备。

h. 动火工作结束后应彻底清理现场火种，确保火种安全熄灭。

（5）疏散通道检查要点。

a. 安全出口、疏散通道、楼梯间设置符合要求，并保持畅通，未锁闭，无任何物品堆放。各类提示性、警示性、禁止性标识齐全。

b. 疏散楼梯围护结构完整，无违反规范要求设置房间，无可燃气体管道和甲、乙、丙类液体管道，首层有直通室外的出口。

c. 封闭楼梯、防烟楼梯及其前室的防火门向疏散方向开启，具有自闭功能，并处于常闭状态；平时因频繁使用需要常开的防火门能自动、手动关闭；平时需要控制人员随意出入的疏散门，不用任何工具能从内部开启，并有明显标识和使用提示：常开防火门的启闭状态在消防控制室能正确显示、联动正常。

d. 疏散用门应向疏散方向开启，不应采用侧拉门，严禁采用转门。公共娱乐场所安全出口处不得设置门槛、台阶，不得采用卷帘门、转门、吊门和侧拉门，门口不得设置影响疏散的遮挡物。

e. 疏散指示标志及应急照明灯的数量、类型、安装高度符合要求。封闭楼梯间、防烟楼梯及前室、公共建筑疏散走道、人员密集场所多功能等厅室应设火灾应急照明。疏散指示标志安装在离地面 1m 以下，能在疏散路线上明显看到指示，并明确指向安全出口（基本要求：场所任一点都能导向清晰并保持视觉连续性）。

f. 应急照明灯主、备用电源切换功能正常，供电保持连续，潦度符合要求（可切断照明电试验）。

g. 建筑楼梯安全出口处严禁存放电瓶车。

2. 火灾隐患检查专业部分

（1）生产调度大楼检查要点。检查生产调度大楼火灾隐患时，除本节通用检查要点，蓄电池室、电缆沟（电缆隧道、电缆夹层）专业检查要点外，还应包括以下部分：

1）自动化机房内电气线路接头处应在封闭的接线盒内，并定期测量计算导线负荷情况，及时更换不符合要求的线路。

2）熔断器严禁用铜铁代替熔丝。

3）电源线与信号线应分别敷设在不同的线槽内，如果因条件限制必须同时敷设，电源线应采用金属套管。

4）通信自动化机房内严禁任意安装临时线路和移动灯具，机房内移动式电线应采用橡胶护套或塑料管穿线保护，并且要有防护装置。

5）通信机房内严禁安装使用卤钨灯等高温照明灯具，照明配电盘应使用难燃材料，且不宜安装在电缆槽道中。

6）通信机房内采用日光灯时，镇流器和灯管的电压与容量必须相匹配安装使用，必须有防止镇流器发热起火的措施；照明线路在穿越吊顶或其他隐蔽处时，要穿金属管敷设，接头处安装接线盒、开关、插座，照明器不得靠近可燃物，必要时应采取隔热、散热等措施。

7）机房布线不能沿外墙敷设，以防雷击时墙内钢筋瞬间传导强雷电流时，磁场感应机房内线路而把设备击坏。

8）电缆井、管道井、排烟井、排气道、垃圾道等竖向管道井应分别独立设置，井壁上的检查门应采用丙级防火门。

9）设在疏散走道上的防火卷帘应在卷帘的两侧设置启闭装置，并应有手动、自动和机械控制功能。

（2）变电站（换流站）检查要点。变电站（换流站）防火检查要点除通用部分外，还应检查以下要点：

1）消防安全重点部位应设置明显的防火标志，并在出入口位置悬挂防火警示标示牌。标示牌的内容应包括消防安全重点部位的名称、消防管理措施、灭火和应急疏散方案及防火责任人。

2）防火重点部位禁止吸烟，并应有明显标志。

3）排水沟、电缆沟、管沟等沟坑内不应有积油。

4）变电站变压器设置有事故油坑时，应定期检查和清理，不被淤泥、灰渣及积土覆盖。

5）凡穿越墙壁、楼板和电缆沟道而进入控制室、电缆夹层、控制柜及仪表盘、保护盘等处的电缆孔、洞、竖井和进入油区的电缆入口处必须用防火堵料严密封堵。

6）电缆沟动力电缆与控制电缆之间，应设置层间防火隔板。

7）变电站电缆隧道内设置指向最近安全出口处的导向箭头，主隧道、各分支拐弯处醒目位置设整个电缆隧道平面示意图，并在示意图上标注所处位置及出入口位置。电力电缆中间接头盒的两侧及其邻近区域，应增加防火包带等阻燃措施。

8）防火涂料、堵料应符合《防火封堵材料》（GB 23864）的有关规定，且取得型式检验认可证书。防火涂料在涂刷时要注意稀释液的防火。

9）电缆沟每隔 60m 应设置防火墙。防火墙两侧电缆 1m 范围内应涂防火涂料。

10）蓄电池室内上部应加装排风装置，所使用的墙壁插座、烟感火灾报警探测器应为防爆型。照明开关应设置在室外。

11）变电站（换流站）加装的火灾自动报警系统、自动喷淋系统、泡沫喷淋系统、气体灭火系统、消防给水系统、消防栓系统检查要点详见本节"消防设备、设施检查要点"部分。

12）检修结束后各类废油应倒入指定的容器内，并定期回收处理，严禁随意倾倒。

13）变电站（换流站）内动火作业应严格按照动火作业管理制度实施，具体检查要点详见本节"用火检查要点"部分。

14）变电站（换流站）所配置的灭火器应在有效期内，压力合格且所配置的软管无老化。

15）变电站（换流站）生产现场禁止吸游烟。

16）泡沫喷淋室、雨淋阀室、消防水泵房门应保持在关闭状态，但不应上锁。

（3）蓄电池室检查要点。蓄电池室防火检查要点除通用部分外，还应检查以下要点：

1）严禁在蓄电池室内吸烟和将任何火种带入蓄电池室内。蓄电池室门上应用红漆书写"蓄电池室""严禁烟火"或"火灾危险，严禁火种入内"的标语。

2）蓄电池室可装设整个管路焊接的暖气装置，严禁采用明火取暖。

3）蓄电池应装置在单独的室内，开启式蓄电池室用耐火二级、乙类生产建筑与相邻房间隔断，防酸隔爆型蓄电池室用耐火二级、丙类生产建筑与相邻房间隔断。蓄电池室门应向外开。

4）蓄电池室应装有通风装置，通风道应单独设置，不应通向烟道或厂房内的总通风系统。离通风管出口处 10m 内（含 10m）有引爆物质场所时，则通风管的出风口至少应高出该建筑物屋顶 2m。

5）蓄电池室应使用防爆型照明和防爆型排风机，开关、熔断器、插座等应装在蓄电池室的外面。

6）蓄电池室的照明线应采用耐酸导线，并用暗线敷设。检修用的行灯应采用 12V 防爆灯，其电缆应用绝缘良好的胶质软线。

7）凡是进出蓄电池室的电缆、电线，在穿墙处应用耐酸瓷管或聚氯乙烯硬管穿线，并在其进出口端用耐酸材料将管口封堵。

（4）电缆沟、电缆层及电缆隧道检查要点。电缆沟、电缆层及电缆隧道防火检查要点除通用部分外，还应检查以下要点：

1）缆沟、电缆隧道排水要畅通，通风要良好，电缆隧道不能作为通风系统的进风道。

2）电缆头两侧各 2～3m 的范围内，应采用防火包带作阻火延烧处理。终端电缆头不应放置在电缆沟、电缆隧道、电缆槽盒、电缆夹层内；对置于电缆沟、电缆隧道、电缆槽盒、电缆夹层内的中间电缆头必须登记造册，应使用多种监测设备进行监测。

3）各中间电缆头之间应保证足够的安全长度距离，两个以上的电缆头不得安装在同一位置，电缆头同其他电缆之间应采取严密的封堵措施。

4）电缆沟、电缆隧道、电缆夹层内不能存留易燃物。

5）电缆夹层、电缆隧道的门一定要加锁，不能让人随意出入，防止人为因素引起电缆失火。

6）充油电气设备附近的电缆隧道防火门应处于常开状态，沟盖板要密封，防止设备故障失火时油流到电缆沟里引燃电缆。

7）电缆隧道里电缆阻火墙的厚度一般不应小于 240mm，阻火墙要比电缆支架宽100mm 以上，阻火墙两侧还要有不小于 1000mm 阻火段（可用防火涂料、防火包等）。如为防火门，应在火灾情况下能自动关闭。

8）电缆沟、电缆隧道或夹层内是否有焦味或异常声响。

（5）物资仓库检查要点。物资仓库防火检查要点除通用部分外，还应检查以下内容：

1）仓库内露天堆放的设备及油库、油漆库等，应设立明显的防火等级标志；仓库内应保持环行道路畅通。对油库、油漆库等，要采取隔离火种等安全措施。

2）易燃易爆危险物品的储存要严格执行国家《化学危险品安全管理条例》有关规定。

3）对性质相抵触的气体，其气瓶不能混装一库。对氧化剂或具有氧化性的酸，如 H_2HO_4、HNO_3、HCl 等，不能与易燃物品同存一库。

4）危险物品与普通物资同存一库时应保持足够的安全距离。

5）对易燃的氧气、乙炔气等液化气体，应分别设专库，并保持通风良好，不可在高温仓库或露天库堆放。

6）物品入库前应当有专人负责检查，确定无火种等隐患后，方准入库。

7）使用过的油棉纱、油手套等沾油纤维物品以及可燃包装，应当存放在安全地点，定期处理。

8）库房内不准设置移动式照明灯具。照明灯具下方不准堆放物品，其垂直下方与储存物品水平间距离不得小于 0.5m。

9）库房内敷设的配电线路，需穿金属管或用非燃硬塑料管保护。

10）库区的每个库房应当在库房外单独安装开关箱，保管人员离库时，必须拉闸断电。禁止使用不合规格的保险装置。

11）库房内不准使用电炉、电烙铁、电熨斗等电热器具和电视机、电冰箱等家用电器。

12）仓库电器设备的周围和架空线路的下方严禁堆放物品。对提升、码垛等机械设备易产生火花的部位，要设置防护罩。

13）仓库应当设置醒目的防火标志。进入甲、乙类物品库区的人员，必须登记，并交出携带的火种。

14）严禁使用一切火炉、大功率电灯等易发热电器。

（6）宾馆、饭店及职工宿舍检查要点。宾馆、饭店及职工宿舍防火检查要点除通用部分外，还应检查以下内容：

1）宾馆、饭店。

a. 禁止将易燃易爆物品带入。

b. 客房内应配有禁止卧床吸烟的标志、应急疏散指示图、宾馆客人须知及酒店内的消防指南。

c. 厨房内天然气、煤气管道及连接管等应定期检测，无漏气、连接管无老化开裂。

d. 厨房用大功率电器设备应合格，电源线无老化，制定正确的操作使用规程。

e. 天然气管道、连接管、电源线等应远离火源。

f. 每日工作结束离开前，应检查电源、天然气、热源火种等，并确认开关、阀门关闭。

2）职工宿舍。

a. 职工宿舍中禁止使用大功率电器，如热得快、电热毯、电炉、电饭煲等。

b. 宿舍内装修材料必须符合消防技术标准。

c. 宿舍内严禁私自拉线、接线、乱接插座。

d. 宿舍安全出口必须保持畅通，向疏散方向开启，禁止锁闭，不应采用侧拉门，严禁采用转门。

e. 宿舍所配置灭火器、防烟面具等消防设备是否适当、充足。

三、供电企业对自身存在火灾隐患的整改及消除

供电企业对存在的火灾隐患，应当及时予以消除。

1. 火灾隐患当场改正

对下列违反消防安全规定的行为，单位应当责成有关人员当场改正并督促落实：

（1）违章进入生产、储存易燃易爆危险物品场所的。

（2）违章使用明火作业或者在具有火灾、爆炸危险物品场所吸烟、使用明火等违反禁令的。

（3）将安全出口上锁、遮挡或者占用堆放物品影响疏散通道畅通的。

（4）消火栓、灭火器材被遮挡影响使用或者被挪作他用的。

（5）常闭式防火门处于开启状态，防火卷帘下堆放物品影响使用的。

（6）消防设施管理、值班人员和防火巡查人员脱岗的。

（7）违章关闭消防设施、切断消防电源的。

（8）其他可以当场改正的行为。

违反上述条款规定的情况以及改正情况应当有记录并存档备查。

2. 火灾隐患限期整改

对不能当场整改的火灾隐患，消防工作归口管理职能部门或者专兼职消防管理人员应根据本单位的管理分工，及时将存在的火灾隐患向单位的消防安全管理人或者消防安全责任人报告，提出整改方案。消防安全管理人或者消防安全责任人应当确定整改的措施、期限以及负责整改的部门、人员，并落实整改资金。

在火灾隐患未消除之前，单位应当落实防范措施，保障消防安全。不能确保消防安全，随时可能引发火灾或者一旦发生火灾将严重危及人身安全的，应当将危险部位停产停业整改。如整改过程中，需要暂时停用消防设施、器材的，应当采取有效措施确保消防安全；停用消防设施、器材超过24h的，应当报告辖区公安机关消防机构。

火灾隐患整改完毕，负责整改的部门或者人员应当前往现场确认整改完毕，并将整改情况记录报送消防安全责任人或者消防安全管理人签字确认后存档备查。

对于涉及城市规划布局而不能自身解决的重大火灾隐患，以及机关、团体、事业单位确无能力解决的重大火灾隐患，单位应当提出解决方案并及时向其上级主管部门或者当地人民政府报告。

对公安机关消防机构责令限期改正的火灾隐患，单位应当在规定的期限内改正并写出火灾隐患整改复函，报送公安机关消防机构。

第二节　扑救初期火灾

火灾通常都有一个从小到大、逐步发展、直到熄灭的过程。一般可分为初起、发展、猛烈、下降和熄灭五个阶段。一般固体可燃物燃烧时，在10～15min内，火源的面积不大，烟和气体对流的速度比较缓慢，火焰不高，燃烧放出的辐射热能较低，火势向周围发展蔓延的速度比较慢。因此，火灾处于初起阶段尤其是固体物质火灾的初起阶段，是扑救的最好时机。只要发现及时，用很少的人力和灭火器材就能将其扑灭。

一、扑灭初起火灾流程

1. 第一灭火力量

员工发现火灾应立即呼救并拨打"119"电话报警，起火部位现场员工应在1min内形成第一灭火力量，采取如下措施：

（1）火灾报警按钮或电话附近的员工，立即摁下按钮或拨电话通知消防控制室或值班人员；

（2）消防设施、器材附近的员工使用现场消火栓、灭火器等设施器材灭火；

（3）疏散通道或安全出口附近的员工引导人员疏散。

2. 第二灭火力量

火灾确认后，单位消防控制室或单位值班人员应立即启动灭火和应急疏散预案，在3min内形成第二灭火力量，采取如下措施：

（1）通讯联络组按照灭火和应急疏散预案要求通知员工赶赴火场，与公安消防队保持联络，向火场指挥员报告火灾情况，将火场指挥员的指令下达有关员工；

（2）灭火行动组根据火灾情况使用本单位的消防设施、器材扑救初起火灾；

（3）疏散引导组按分工组织引导现场人员疏散；

（4）安全救护组协助抢救、护送受伤人员；

（5）现场警戒组阻止无关人员进入火场，维持火场秩序。

二、火灾报警

1. 火灾报警的意义

经验告诉我们，在起火后十几分钟内，能否将火扑灭、不酿成大火，这是个关键时刻。把握这个关键时刻主要有两条：① 利用现场灭火器材及时扑救；② 同时拨报火警，以便调来足够的力量，及早地控制和扑灭火灾。不管火势大小，都应报警。不要存在侥幸心理，以为自己有足够的力量扑救，就不向消防报警；企业单位发生火灾怕影响评先进、评奖金，怕消防车拉警报影响声誉，怕追究责任或受经济处罚等。因为火势的发展往往是难以预料的，如扑救方法不当，对起火物质的性质不了解，灭火器材的效用有限等原因，均有可能控制不住火势而酿成大火，此刻才想起报警，就算消防队到扑灭，也必然费力费时，造成一定损失。有时由于火势已发展到猛烈阶段，大势已定，消防队到场只能控制火势不使之蔓延扩大，但造成损失和危害已成定局。所以报警早、损失小就是这个道理。

2. 火灾报警的对象

（1）向周围的人员发出火灾警报，召集他们前来参加扑救或疏散物资。

（2）本单位有专职、义务消防队的，应迅速向他们报警。

（3）向公安机关消防队报警。公安消防队是灭火的主要力量，尽管着火单位有专职消防队，也应向公安消防队报警，不可等本单位扑救不了再向公安消防队报警，会延误灭火时机。

（4）向受火灾威胁的人员发出警报，要他们迅速做好疏散准备。发出警报时根据火灾发展情况，作出局部或全部疏散的决定，并告诉群众要从容、镇静，避免引起慌乱、拥挤。

3. 报警的内容

在拨打火警电话向公安消防队报警时，必须讲清以下内容：

（1）发生火灾的详细地址。包括街道名称、门牌号码、靠近何处。高层建筑要讲明第几层、生产经营场所应讲明性质等。总之，地址要讲得明确、具体。

（2）起火物种类及储量。要注意讲明起火物为何物，说明起火物种和储量，便于消防队调集力量时选择使用什么类型的车辆，调集多少车辆。

（3）火势情况，如只见冒烟，有火光，火势猛烈等。

（4）报警人的姓名及所用电话号码，以便消防部门电话联系，了解情况。报警之后，还应到路口接应消防车。

三、常见火灾灭火方法

1. 火灾分类

根据《火灾分类》（GB/T 4968），火灾根据可燃物的类型和燃烧特性，分为 A、B、C、D、E、F 六类。

A 类火灾：指固体物质火灾。这种物质通常具有有机物质性质，一般在燃烧时能产生灼热的余烬。如木材、煤、棉、毛、麻、纸张等火灾。

B 类火灾：指液体或可熔化的固体物质火灾。如煤油、柴油、原油，甲醇、乙醇、沥青、石蜡等火灾。

C 类火灾：指气体火灾。如煤气、天然气、甲烷、乙烷、丙烷、氢气等火灾。

D 类火灾：指金属火灾。如钾、钠、镁、铝镁合金等火灾。

E 类火灾：带电火灾。物体带电燃烧的火灾。

F 类火灾：烹饪器具内的烹饪物（如动植物油脂）火灾。

2. 基本灭火方法

物质燃烧必须具备三个条件：可燃物质、助燃物质、火源，如果缺少其中一项，就可使火熄灭。由于火灾发生的类型不同，所以扑救的方法也不相同。根据物质燃烧的基本原则和多年的灭火实践经验，总结出以下四种基本灭火方法。

（1）冷却灭火法。任何物质的燃烧必须达到一定的温度，这个极限称之为燃点。冷却灭火法就是控制可燃物质的温度，使其降低到燃点以下，以达到灭火的目的。用水进行冷却灭火是扑救火灾的常用方法，也是简单的方法。一般我们常见的火灾，如房屋、家具、木材等可以用水进行冷却灭火。另外，也可用二氧化碳灭火器进行冷却灭火。由于二氧化碳灭火器喷出 -78.5℃的雪花状固体，二氧化碳在气化时迅速地吸取燃烧物质的热量，从而达到降低温度使燃烧停止的目的。在灭火实践中，为了有效地控制火势，降低火灾损失，也常用冷却方法，用水或二氧化碳冷却火场周围的物质，以防止其达到燃点而起火。

（2）窒息灭火法。顾名思义就是要通过隔绝空气的方法，使燃烧区内的可燃物质，得不到足够的氧气，而使燃烧停止，这也是常用的一种灭火方法，对于扑救初起火灾作用很大，此种灭火法可用于房间、容器等较封闭性的火灾。比如我们常见的炒菜时油锅着火，可及时将锅盖盖上，使燃烧的油与锅外的空气隔绝以达到灭火的目的。

（3）隔离灭火法。这是一种"丢卒保车"的灭火法，将燃烧物体与其附近的可燃物隔离或疏散开，消除燃烧必备的三个条件之一——可燃物，以达到灭火的目的。隔离灭火法，适应于扑救爆炸物品、流体、固体和气体的各种火灾，也是常用的一种灭火方法。

（4）抑制灭火法。这是一种用灭火剂与燃烧物产生物理和化学抑制作用的灭火方法。如干粉灭火剂，在灭火时由于高压气体（二氧化碳或氮气）冲出储存的容器，形成一股加压的雾状粉流，覆盖到燃烧物上，粉粒与火焰中产生的活性基因接触时，活动基因被瞬时吸附在粉粒表面，形成不活泼的水，从而中断燃烧连锁反应的进行，使火焰迅速熄灭。

火场上采用哪种灭火方法，应根据燃烧物质的性质、燃烧特点和火场的具体情况而定。针对六类火灾，可选用的灭火器原则如下：

（1）扑救 A 类火灾可选择水型灭火器、泡沫灭火器、磷酸铵盐干粉灭火器，卤代烷灭火器。

（2）扑救 B 类火灾可选择泡沫灭火器（化学泡沫灭火器只限于扑灭非极性溶剂）、干粉灭火器、卤代烷灭火器、二氧化碳灭火器。

（3）扑救 C 类火灾可选择干粉灭火器、卤代烷灭火器、二氧化碳灭火器等。

（4）扑救 D 类火灾可选择粉状石墨灭火器、专用干粉灭火器，也可用干砂或铸铁屑末代替。

（5）扑救 E 类带电火灾可选择干粉灭火器、卤代烷灭火器、二氧化碳灭火器等。带电火灾包括家用电器、电子元件、电气设备（计算机、复印机、打印机、传真机、发电机、电动机、变压器等）以及电线电缆等燃烧时仍带电的火灾，而顶挂、壁挂的日常照明灯具及起火后可自行切断电源的设备所发生的火灾则不应列入带电火灾范围。

（6）扑救 F 类火灾可选择干粉灭火器。

四、供电企业防火重点部位初期火灾灭火

1. 变压器火灾灭火

油浸式变压器火灾是变电站重大火灾危险性之一，发生火情后，应先断电，然后采取的灭火扑救措施为：

（1）对于未加装固定式灭火系统的，如果油箱没有破损，可用干粉、CO_2 等灭火剂进行扑救；如果油箱破裂，大量油流出燃烧，火势凶猛，可用喷雾水或泡沫扑救。

（2）对于加装固定式水喷雾或泡沫喷雾灭火系统的，应通过遥控或手动打开对应起火主变灭火阀门，对起火主变进行喷淋。

（3）流散出的油火，也可用消防沙压埋。

2. 电缆沟、电缆夹层、电缆隧道火灾灭火

电缆沟、电缆夹层及电缆隧道电缆起火后，应参照以下方法进行初期火灾灭火：

（1）切断起火电缆电源。根据电缆所经过的路径和特征，认真检查，找出电缆的故障点，同时应迅速组织人员进行扑救。

（2）电缆沟内起火非故障电缆电源的切断。当电缆沟中的电缆起火燃烧时，如果与其同沟并排敷设的电缆有明显的着火可能性，则应将这些电缆的电源切断。电缆若是分层排列，则首先将起火电缆上面的受热电缆电源切断，然后将与起火电缆并排的电缆电源切断，最后将起火电缆下面的电缆电源切断。

（3）关闭电缆沟防火门或堵死电缆沟两端。当电缆沟内的电缆起火时，为了避免空气流通，以利迅速灭火，应将电缆沟的防火门关闭或将两端堵死，采用窒息的方法灭火。

（4）做好扑灭电缆火灾时的人身防护。由于电缆起火燃烧会产生大量的浓烟和毒气，扑灭电缆火灾时，扑救人员应戴防毒面具或正压式空气呼吸器。为防止扑救过程中的人身触电，扑救人员还应戴橡皮手套和穿绝缘靴。若发现高压电缆一相接地，扑救人员应遵守：室内不得进入距故障点 4m 以内，室外不得进入距故障点 8m 以内，以免跨步电压及接触电压伤人。

（5）扑灭电缆火灾应采用的灭火器材。扑灭电缆火灾应采用灭火机灭火，如干粉灭火机、二氧化碳灭火机等；也可使用干砂或黄土覆盖；如果用水灭火，最好使用喷雾水枪；若火势猛烈，又不可能采用其他方式扑救，待电源切断后，可向电缆沟内灌水，用水将故障封住灭火。

（6）扑救电缆火灾时，禁止用手直接触摸电缆钢铠和移动电缆。

3. 蓄电池室火灾灭火

（1）当蓄电池室受到外界火势威胁时，应立即停止充电。如充电刚完毕，则应继续开启排风机，抽出室内不良气体。

（2）蓄电池室火灾时，应立即停止充电，并采用二氧化碳灭火器扑灭。

（3）蓄电池室通风装置的电气设备或蓄电池室的空气入口处附近火灾时，应立即切断该设备的电源。

4. 通信自动化机房火灾灭火流程

发现火情后，立即切断起火机架或屏柜电源，关闭空调，严禁开窗；

火灾初期，烟雾较小、火势微弱时，及时采用现场配置的气体灭火器进行灭火。如烟雾较大、火势凶猛时，无法及时扑灭，应及时拨打 119 进行报警并正确组织撤离。对加装有固定气体灭火系统的，应自动或手动开启灭火装置。

5. 生产调度大楼（宾馆、酒店、物资仓库、职工宿舍）火灾灭火

发现生产调度大楼某部位起火后，除第一时间报警外，还应充分利用所配置的灭火器、消火栓进行第一时间灭火。消防控制室确认火灾后，及时手动或自动打开固定式喷淋灭火装置，对起火区域进行灭火。

发生电气火灾后，可采取以下方式进行灭火：

（1）断电救火。发生电气火灾时，应尽可能实施断电救火。断电的最简便办法是拉开故障线路的电源开关或断开其熔断器。由于发生火灾时这些设备的绝缘强度可能降低，故上述操作应借助绝缘工具来进行。

断电救火如果不能拉开电源开关或断开熔断器断电，也可采用剪断电线的办法。要用绝缘良好的工具，不同相电要在不同部位剪断，以免相碰发生短路。剪断空中电线时，剪断位置应选择在电源方向支持物附近，以防止电线断落下来造成触电。

（2）带电救火。如果无法切断电源或时间紧迫来不及切断电源时，可实施带电救火。带电救火是一项危险的操作，必须注意下列安全事项。

1）正确选用灭火器材：要使用不导电的二氧化碳或其他干粉性灭火剂来灭火。如果附近没有这些器材，也可使用干燥的沙土覆盖等办法灭火。必须注意，不能用水或泡沫灭火剂，因为它们导电，可能造成短路或使人触电。

2）救火人员要保证安全：由于是带电救火，救火人员务必注意不要触电。例如应使人体和所携带的灭火器材与带电体保持一定距离；若有导线断落地面，应防跨步电压触电；使用二氧化碳灭火剂灭火，要注意通风，防止喷出物溅在皮肤上造成冻伤等。

第三节　疏　散　逃　生

一、掌握正确疏散方法的意义

安全疏散是建筑物发生火灾后确保人员生命财产安全的有效措施，是建筑防火的一项重要内容。

建筑物发生火灾时，为避免室内人员因火烧、缺氧窒息、烟雾中毒和房屋倒塌造成伤害，要尽快疏散、转移室内的物资和财产，以减少火灾造成的损失；消防人员必须迅速赶到火灾现场进行灭火。这些行动都必须借助于建筑物内的安全疏散设施来实施，尤其是高层建筑。

高层建筑楼层较多，如果发生紧急事故，疏散人员从事故点到达安全场所需要较长的时间；其次高层建筑发生火灾时会有烟囱效应，竖直状态下烟气蔓延得比较快，人员撤离的速度很难跟上，烟气是威胁人员安全的主要因素，会大大增加安全疏散的难度，而

电梯在停电的情况下无法使用；再次高层建筑人员密集，一旦发生事故，很容易发生拥挤问题，同时还有恐惧心理，这都会增加疏散的难度。因此，如何保证安全疏散是十分重要的。

然而，通过对国内外建筑火灾的统计分析表明，由于对安全疏散设施的设计缺陷和管理不善，火灾时，不能起到疏散人员的作用，人员不能及时疏散到安全避难区域，常常造成较大的人员伤亡。

总之，安全疏散对于人员集中的公共场所和高层建筑，如生产调度大楼、宾馆、饭店及员工宿舍等都是十分重要。对于工厂和仓库的人员和物资疏散同样重要。而对建筑物的地下室和人防工程，因采光、通风、排烟效果差，人员疏散困难，安全疏散就显得更为突出。

二、正确疏散逃生

对供电企业，人员较为密集的场所主要为生产调度大楼、员工宿舍及宾馆饭店。正确疏散逃生方法如下：

（1）熟悉环境，牢记安全出口。日常工作中，应对办公地点周围的设备、设施、楼层高度、火灾危险性等进行熟悉，并掌握疏散通道、安全出口及楼梯方位等，以便关键时候能尽快逃离现场。

（2）通道出口，畅通无阻。楼梯、通道、安全出口等是火灾发生时最重要的逃生之路，应保证畅通无阻，切不可堆放杂物或设闸上锁，以便紧急时能安全迅速地通过。

（3）保持镇静，明辨方向，迅速撤离。突遇火灾，面对浓烟和烈火，首先要强令自己保持镇静，迅速判断危险地点和安全地点，决定逃生的办法，尽快撤离险地。千万不要盲目地跟从人流和相互拥挤、乱冲乱窜。撤离时要注意，朝明亮处或外面空旷地方跑，要尽量往楼层下面跑，若通道已被烟火封阻，则应背向烟火方向离开，通过阳台、气窗、天台等往室外逃生。

（4）扑灭小火，惠及他人。当发生火灾时，如果发现火势并不大，且尚未对人造成很大威胁时，当周围有足够的消防器材，如灭火器、消防栓等，应奋力将小火控制、扑灭。千万不要惊慌失措，置小火于不顾而酿成大灾。

（5）不入险地，不贪财物。身处险境，应尽快撤离，不要因害羞或顾及贵重物品，而把逃生时间浪费在寻找、搬离贵重物品上。已经逃离险境的人员，切莫重返险地。

（6）简易防护，蒙鼻匍匐。逃生时经过充满烟雾的路线，要防止烟雾中毒、预防窒息。为了防止火场浓烟呛入，可采用毛巾、口罩蒙鼻，匍匐撤离的办法。烟气较空气轻而飘于上部，贴近地面撤离是避免烟气吸入、滤去毒气的最佳方法。穿过烟火封锁区，应佩戴防毒面具、头盔、阻燃隔热服等护具，如果没有这些护具，那么可向头部、身上浇冷水或用湿毛巾、湿棉被、湿毯子等将头、身裹好，再冲出去。

（7）善用通道，莫入电梯。按规范标准设计建造的建筑物，都会有两条以上逃生楼梯、通道或安全出口。发生火灾时，要根据情况选择进入相对较为安全的楼梯通道。除可以利用楼梯外，还可以利用建筑物的阳台、窗台、天面屋顶等攀到周围的安全地点沿着落水管、避雷线等建筑结构中凸出物滑下楼也可脱险。在高层建筑中，电梯的供电系统在火灾时随时会断电或因热的作用电梯变形而使人被困在电梯内同时由于电梯井犹如贯通的烟囱般直通各楼层，有毒的烟雾直接威胁被困人员的生命。

（8）缓降逃生，滑绳自救。高层、多层公共建筑内一般都设有高空缓降器或救生绳，人员可以通过这些设施安全地离开危险的楼层。如果没有这些专门设施，而安全通道又已被堵，救援人员不能及时赶到的情况下，你可以迅速利用身边的绳索或床单、窗帘、衣服等自制简易救生绳，并用水打湿从窗台或阳台沿绳缓滑到下面楼层或地面，安全逃生。

（9）避难场所，固守待援。假如用手摸房门已感到烫手，此时一旦开门，火焰与浓烟势必迎面扑来。逃生通道被切断且短时间内无人救援时，可采取创造避难场所、固守待援的办法。首先应关紧迎火的门窗，打开背火的门窗，用湿毛巾、湿布塞堵门缝或用水浸湿棉被蒙上门窗，然后不停用水淋透房间，防止烟火渗入，固守在房内，直到救援人员到达。

（10）缓晃轻抛，寻求援助。被烟火围困暂时无法逃离的人员，应尽量待在阳台、窗口等易于被人发现和能避免烟火近身的地方。在白天，可以向窗外晃动鲜艳衣物或外抛轻型晃眼的东西；在晚上即可以用手电筒不停地在窗口闪动或者敲击东西，及时发出有效的求救信号，引起救援者的注意。

（11）火已及身，切勿惊跑。火场上的人如果发现身上着了火，千万不可惊跑或用手拍打。当身上衣服着火时，应赶紧设法脱掉衣服或就地打滚，压灭火苗；能及时跳进水中或让人向身上浇水、喷灭火剂。

（12）跳楼有术，虽损求生。跳楼逃生，也是一个逃生办法，但应该注意的是：只有消防队员准备好救生气垫并指挥跳楼时或楼层不高（一般4层以下），非跳楼即烧死的情况下，才采取跳楼的方法。跳楼应讲技巧，跳楼时应尽量往救生气垫中部跳或选择有水池、软雨篷、草地等方向跳；如有可能，要尽量抱些棉被、沙发垫等松软物品或打开大雨伞跳下，以减缓冲击力。如果徒手跳楼一定要扒窗台或阳台使身体自然下垂跳下，以尽量降低垂直距离，落地前要双手抱紧头部身体弯曲卷成一团，以减少伤害。

第四节　消防宣传教育和培训

消防安全宣传教育和培训是把消防安全知识传授给各位员工，让员工认识到火灾的危害，懂得防止火灾的基本措施和扑灭火灾的基本方法，提高防火警惕性和同火灾作斗争的自觉性，是消防安全管理工作中的一项重要基础工作。

一、消防教育培训对象

供电企业每名员工应当至少每年进行一次消防安全培训；公众聚集场所对员工的消防安全培训应当至少每半年进行一次。单位应当组织新上岗和进入新岗位的员工进行上岗前的消防安全培训。

应当接受消防安全专门培训的人员包括：① 单位的消防安全责任人、消防安全管理人；② 专、兼职消防管理人员；③ 消防控制室的值班、操作人员；④ 其他依照规定应当接受消防安全专门培训的人员。

二、消防教育培训内容

消防教育培训内容主要包括消防安全工作的方针和政策、消防安全法规、消防安全科普知识、火灾案例教育、消防安全技能。

（1）消防安全工作的方针和政策。

（2）消防安全法规。消防法规主要包括《中华人民共和国消防法》《建设工程消防监督管理规定》（公安部令第119号）、《机关企事业单位消防管理规定》（公安部令第61号）等，重点培训内容包括：

1）消防重点单位、防火重点部位定义及范围。

2）建筑工程新建、扩建、改建消防设计、审核、报验要求。

3）运行建筑工程维保、检测要求。

4）消防安全职责及具体管理要求。

（3）消防安全科普知识。主要内容应包括：

1）火灾的危害和防火、灭火的基本方法等常识；

2）日用危险物品使用的防火常识；失火如何报警；

3）如何扑救，如何使用常见的应急灭火器材，如何自救互救和疏散等消防安全知识等。

（4）火灾案例教育。通过对火灾案例的宣传教育，可从反面提高对防火工作的认识，从中吸取教训，总结经验，采取措施。

（5）消防安全技能。消防安全技能培训主要针对作业人员，针对供电企业内部不同的业务性质，具体技能培训内容如下：

1）生产调度大楼（饭店、酒店及员工宿舍）。主要安全技能包括：灭火器、防毒面具、消防栓使用；利用手动报警按钮、电话报警；疏散逃生；引导消防车进入起火区域。对于消控值班人员，还应包括火灾自动报警系统、消防水系统、自动水喷淋系统、防排烟系统、防火分区、火灾公共广播系统的操作使用；有序组织人员应急撤离疏散等。

2）变电站（换流站）。主要安全技能包括：灭火器、防毒面具、消防栓使用；电话报警；火灾自动灭火系统、泡沫喷淋系统、自动水喷雾系统遥控或手动操作；无人值班变电站主变压器火灾判别等。

第七章 重点场所（部位）的消防安全管理

第一节 动 火 管 理

一、动火级别

根据火灾危险性、发生火灾损失、影响等因数将动火级别分为一级动火、二级动火两个级别。

火灾危险性很大，发生火灾造成后果很严重的部位、场所或设备应为一级动火区；一级动火区以外的防火重点部位、场所或设备及禁火区域应为二级动火区。

二、禁止动火条件

（1）油船、油车停靠区域。

（2）压力容器或管道未泄压前。

（3）存放易燃易爆物品的容器未清理干净或未进行有效置换前。

（4）作业现场附近堆有易燃易爆物品，未作彻底清理或者未采取有效安全措施前。

（5）风力达五级以上的霉天动火作业。

（6）附近有与明火作业相抵触的工种在作业。

（7）遇有火险异常情况未查明原因和消除前。

（8）带电设备未停电前。

（9）按国家和政府部门有关规定必须禁止动用明火的。

三、动火安全组织措施

（1）动火作业应落实动火安全组织措施，动火安全组织措施应包括动火工作票、工作许可、监护、间断和终结等措施。

（2）在一级动火区进行动火作业必须使用一级动火工作票，在二级动火区进行动火作业必须使用二级动火工作票。

（3）发电单位一级动火工作票可使用附录 A 样张，电网经营单位一级动火工作票可使用附录 B 样张，二级动火工作票可使用附录 C 样张。

（4）动火工作票应由动火工作负责人填写。动火工作票签发人不准兼任该项工作的工作负责人。动火工作票的审批人、消防监护人不准签发动火工作票。一级动火工作票一般应提前 8h 办理。

（5）动火工作票至少一式三份。一级动火工作票一份由工作负责人收执，一份由动火执行人收执，另一份由发电单位保存在单位安监部门、电网经营单位保存在动火部门（车间）。二级动火工作票一份由工作负责人收执，一份由动火执行人收执，一份保存在动火部门（车间）。若动火工作与运行有关时，还应增加一份交运行人员收执。

（6）动火工作票的审批应符合下列要求。

1）一级动火工作票。

a. 发电单位：由申请动火部门（车间）负责人或技术负责人签发，单位消防管理部门和安监部门负责人审核，单位分管生产的领导或总工程师批准，包括填写批准动火时间和签名。

b. 电网经营单位：由申请动火班组班长或班组技术负责人签发，动火部门（车间）消防管理负责人和安监负责人审核，动火部门（车间）负责人或技术负责人批准，包括填写批准动火时间和签名。

c. 必要时应向当地公安消防部门提出申请，在动火作业前到现场进行消防安全检查和指导工作。

2）二级动火工作票由申请动火班组班长或班组技术负责人签发，动火部门（车间）安监人员审核，动火部门（车间）负责人或技术负责人批准，包括填写批准动火时间和签名。

（7）动火工作票经批准后，允许实施动火条件。

1）与运行设备有关的动火工作必须办理运行许可手续。在满足运行部门可动火条件，运行许可人在动火工作票填写许可动火时间和签名，完成运行许可手续。

2）一级动火。

a. 发电单位：在检查应配备的消防设施和采取的消防措施、安全措施已符合要求，可燃性、易爆气体含量或粉尘浓度合格，动火执行人、消防监护人、动火工作负责人、动火部门负责人、单位安监部门负责人、单位分管生产领导或总工程师分别在动火工作票签名确认，并由单位分管生产领导或填写允许动火时间。

b. 电网经营单位：在检查应配备的消防设施和采取的消防措施、安全措施已符合要求，可燃性、易烟气体含最合格，动火执行人、消防监护人、动火工作负责人、动火部门（车间）安监负责人、动火部门（车间）负责人或技术负责人分别在动火工作票签名确认，并由动火部门（车间）负责人或技术负责人填写允许动火时间。

3）二级动火。在检查应配备的消防设施和采取的消防措施、安全措施已符合要求，可燃性、易爆气体含量或粉尘浓度合格后，动火执行人、消防监护人、动火工作负资人、动火部门（车间）安监人员分别签名确认，并由动火部门（车间）安监人员填写允许动火时间。

（8）动火作业的监护，应符合下列要求：

1）一级动火时，消防监护人、工作负责人、动火部门（车间）安监人员必须始终在现场监护。

2）二级动火时，消防监护人、工作负责人必须始终在现场监护。

3）一级动火在首次动火前，各级审批人和动火工作票签发人均应到现场检查防火、灭火措施正确、完备，需要检测可燃性、易爆气体含量或粉尘浓度的检测值应合格，并在监护下做明火试验，满足可动火条件后方可动火。

4）消防监护人应由本单位专职消防员或志愿消防员担任。

（9）动火作业间断，应符合下列要求：

1）动火作业间断，动火执行人、监护人离开前，应清理现场，消除残留火种。

2）动火执行人、监护人同时离开作业现场，间断时间超过 30min，继续动火前，动火执行人、监护人应重新确认安全条件。

3）一级动火作业，间断时间超过 2h，继续动火前，应重新测定可燃性、易爆气体含量或粉尘浓度，合格后方可重新动火。

4）一级、二级动火作业，在次日动火前必须重新测定可燃性、易爆气体含量或粉尘浓度，合格后方可重新动火。

（10）动火作业终结，应符合下列要求：

1）动火作业完毕，动火执行人、消防监护人、动火工作负责人应检查现场无残留火种等，确认安全后，在动火工作票上填明动火工作结束时间，经各方签名，盖"已终结"印章，动火工作告终结。若动火工作经运行许可的，则运行许可人也要参与现场检查和结束签字。

2）动火作业终结后工作负责人、动火执行人的动火工作票应交给动火工作票签发人。发电单位一级动火一份留存班组，一份交单位安监部门；二级动火一份留存班组，一份交动火部门（车间）。电网经营单位一份留存班组，一份交动火部门（车间）。动火工作票保存三个月。

（11）动火工作票所列人员的主要安全责任。

1）各级审批人员及工作票签发人主要安全责任应包括下列内容：

a. 审查工作的必要性和安全性。

b. 审查申请工作时间的合理性。

c. 审查工作票上所列安全措施正确、完备。

d. 审查工作负责人、动火执行人符合要求。

e. 指定专人测定动火部位或现场可燃性、易爆气体含量或粉尘浓度符合安全要求。

2）工作负责人主要安全责任应包括下列内容：

a. 正确安全地组织动火工作。

b. 确认动火安全措施正确、完备，符合现场实际条件，必要时进行补充。

c. 核实动火执行人持允许进行焊接与热切割作业的有效证件，督促其在动火工作票上签名。

d. 向有关人员布置动火工作，交待危险因素、防火和灭火措施。

e. 始终监督现场动火工作。

f. 办理动火工作票开工和终结手续。

g. 动火工作间断、终结时检查现场无残留火种。

3）运行许可人主要安全责任应包括下列内容：

a. 核实动火工作时间、部位。

b. 工作票所列有关安全措施正确、完备，符合现场条件。

c. 动火设备与运行设备确已隔绝，完成相应安全措施。

d. 向工作负责人交待运行所做的安全措施。

4）消防监护人主要安全责任应包括下列内容：

a. 动火现场配备必要、足够、有效的消防设施、器材。

b. 检查现场防火和灭火措施正确、完备。

c. 动火部位或现场可燃性、易爆气体含量或粉尘浓度符合安全要求。

d. 始终监督现场动火作业，发现违章立即制止，发现起火及时扑救。

e. 动火工作间断、终结时检查现场无残留火种。

5）动火执行人主要安全责任应包括下列内容：

a. 在动火前必须收到经审核批准且允许动火的动火工作票。

b. 核实动火时间、动火部位。

c. 做好动火现场及本工种要求做好的防火措施。

d. 全面了解动火工作任务和要求，在规定的时间、范围内进行动火作业。

e. 发现不能保证动火安全时应停止动火，并报告部门（车间）领导。

f. 动火工作间断、终结时清理并检查现场无残留火种。

（12）一、二级动火工作票签发人、工作负责人应进行《电力设备典型消防规程》等制度的培训，并经考试合格。动火工作票签发人由单位分管领导或总工程师批准，动火工作负责人由部门（车间）领导批准。动火执行人必须持政府有关部门颁发的允许电焊与热切割作业的有效证件。

（13）动火工作票应用钢笔或圆珠笔填写，内容应正确清晰，不应任意涂改，如有个别错、漏字需要修改，应字迹清楚，并经签发人审核签字确认。

（14）非本单位人员到生产区域内动火工作时，动火工作票由本单位签发和审批。承发包工程中，动火工作票可实行双方签发形式，但应符合上述（12）条要求和由本单位审批。

（15）一级动火工作票的有效期为 24h（1 天），二级动火工作票的有效期为 120h（5天）。必须在批准的有效期内进行动火工作，需延期时应重新办理动火工作票。

四、动火安全技术措施

（1）动火作业应落实动火安全技术措施，动火安全技术措施应包括对管道、设备、容器等的隔离、封堵、拆除、阀门上锁、挂牌、清洗、置换、通风、停电及检测可燃性、易爆气体含量或粉尘浓度等措施。

（2）凡对存有或存放过易燃易爆物品的容器、设备、管道或场所进行动火作业，在动火前应将其与生产系统可靠隔离、封堵或拆除，与生产系统直接相连的阀门应上锁挂牌，并进行清洗、置换，经检测可燃性、易爆气体含最或粉尘浓度合格后，方可动火作业。

（3）动火点与易燃易爆物容器、设备、管道等相连的，应与其可靠隔离、封堵或拆除，与动火点直接相连的阀门应上锁挂牌，检测动火点可燃气体含量应合格。

（4）在易燃易爆物品周围进行动火作业，应保持足够的安全距离，确保通排风良好，使可能泄漏的气体能顺畅排走，如有必要，检测动火场所可燃气体含量应合格。

（5）在可能转动或来电的设备上进行动火作业，应事先做好停电、隔离等确保安全的措施。

（6）处于运行状态的生产区域或危险区域，凡能拆移的动火部件，应拆移到安全地点动火。

（7）动火前可燃性、易爆气体含量或粉尘浓度检测的时间距动火作业开始时间不应超过 2h。可将检测可燃性、易爆气体含量或粉尘浓度含量的设备放置在动火作业现场进行实时监测。

（8）一级动火作业过程中，应每间隔 2～4h 检测动火现场可燃性、易爆气体含量或粉尘浓度是否合格，当发现不合格或异常升高时应立即停止动火，在未查明原因或排除险情前不得重新动火。

（9）用于检测气体或粉尘浓度的检测仪应在校验有效期内，并在每次使用前与其他同类型检测仪进行比对检查，以确定其处于完好状态。

（10）气体或粉尘浓度检测的部位和所采集的样品应具有代表性，必要时分析的样品应留存到动火结束。

五、一般动火安全措施

（1）动火作业前应清除动火现场、周围及上、下方的易燃易爆物品。

（2）高处动火应采取防止火花溅落措施，并应在火花可能溅落的部位安排监护人。

（3）动火作业现场应配备足够、适用、有效的灭火设施、器材。

（4）必要时应辨识危害因素，进行风险评估，编制安全工作方案及火灾现场处置预案。

（5）各级人员发现动火现场消防安全措施不完善、不正确，或在动火工作过程中发现有危险或有违反规定现象时，应立即阻止动火工作，并报告消防管理或安监部门。

第二节　电缆防火封堵

一、电缆防火概述

1. 电缆防火原则

电缆防火措施应结合现场实际情况进行，原则是做好"六不"，即通过科学设计，并采用封、堵、隔等措施合理安装，保证单根电缆着火不延燃到多根电缆；电气盘、柜着火不延燃到电缆沟；电缆沟着火不延燃到电缆隧道；电缆隧道着火不延燃到电气控制室、电气配电装置的电缆夹层；一个电气室着火不延燃到其他室；一台机组的电缆着火不延燃到其他机组。防止由于局部电缆着火引起全面着火。

2. 电缆防火分类

应用阻燃、耐火电缆增加电缆自身的防火性能。选用阻燃或者耐火电缆。一般阻燃型电缆具有低烟、低毒性，较适合用于有人巡视的场合；耐火型电缆可在规定温度和时间内，保持回路的通电状态，较适用于重要回路。目前变电站、新建工程基本上采用阻燃型电缆，同时在重要回路中选用耐火型电缆。

3. 阻燃电线电缆防火机理

（1）在燃烧反应的热作用下，位于凝聚相的阻燃剂热分解吸热，使凝聚相内温度上升减慢，延缓了材料的热分解速度。

（2）阻燃剂受热分解后，释放出连锁反应自由基阻断剂，使火焰、连锁反应的分枝中断，减缓气相反应速度。

（3）催化凝聚相热分解固相产物，焦化层或泡沫层的形成加强了这些层状硬壳阻碍热传递的作用。

（4）在热作用下，阻燃剂出现吸热性相变，阻止凝聚相内温度的升高。

4. 阻燃电线电缆的分类及选用

《电力工程电缆设计规范》中把采用阻燃电缆、耐火电缆等作为电缆防火的重要措施，对各种阻燃电缆的选用作了明确规定。凡能通过成束电线电缆燃烧试验的电缆称之为阻燃电缆。阻燃电缆主要包括普通型阻燃电线电缆、无卤低烟阻燃电缆、低卤低烟型阻燃电缆、耐火电缆。这些产品的制造技术、性能特性不同，应用范围也不同。

（1）普通型阻燃电线电缆。普通型阻燃电线电缆（简称阻燃电缆）制造简单、成本低，是防火电缆中用量最大的电缆品种。其特点是在成束敷设的条件下，电缆被燃烧时能将火焰的蔓延控制在一定范围内，避免电线电缆着火延燃而造成重大灾害，提高了电缆整条线路的防火水平。根据试验时垂直成束布放的电缆根数（即燃烧物的体积）和燃烧时间的不同分为 A、B、C 三种类别。目前，A、B 类阻燃电缆只有在敷设密集程度高、火灾危险性大的电缆线路，或者发电站、核电站、地铁、隧道、重要的高层建筑等比较重要的场所使用。

（2）无卤低烟阻燃电缆。普通型阻燃电缆在火灾时燃烧会放出大量的浓烟和 HCl 等有毒气体，其危险性和造成生命财产的损失比火灾燃烧本身的危害性更大。无卤低烟阻燃电缆不仅具有优良的阻燃性能，而且在燃烧时几乎不产生腐蚀性气体和毒性气体，仅产生极少量的烟雾，减少了对仪器、设备的腐蚀及对人体的损害，有利于火灾时的灭火救援。无卤低烟阻燃电缆通常考核电缆的阻燃性能、腐蚀性、烟浓度及毒性指标。这类电缆的阻燃性能通过成束燃烧试验，也分 A、B、C 三种。燃烧气体的腐蚀性通过测定燃烧气体水溶液的 pH 值和电导率来确定，烟浓度一般用电缆燃烧时的透光率来评定，试验按 GB/T 17651.2 规定的方法进行，毒性指数的测试方法由用户规定。无卤阻燃电缆的机械性能比普通电缆稍差，这是由于加入特殊添加剂所致，其特殊性能如表 7-1 所示。无卤低烟阻燃电缆适用于地铁、隧道、船舶和车辆以及核电站、重要的高层建筑等安全性要求比较高的场所和重要设施。

表 7-1　　　　　　　　　无卤低烟阻燃电缆特殊性能

性　能	指　标	性　能	指　标
阻燃性能	A、B、C 三类均可	电导率（μS/mm）	≤10
腐蚀性	pH≥4.3	烟透光率	≥60%

（3）低卤低烟阻燃电缆。低卤低烟阻燃电缆的 HCl 释放量和烟浓度指标介于普通阻燃电缆与无卤阻燃电缆之间。这种电缆不仅具备阻燃性能，而且在燃烧时释放的烟量较少，HCl 释放量较低，主要用于地铁、隧道、高层建筑等对电缆燃烧的烟浓度及 HCl 发生量有一定限制的场所。低卤低烟阻燃电缆的绝缘和护套材料成分通常是以聚氯乙烯树脂为基材，配以特种增塑剂、高效阻燃剂、HCl 吸收剂、抑烟剂等，经特殊工艺加工而成，显著改善了普通阻燃聚氯乙烯绝缘材料的燃烧性能，大大降低了材料的烟密度和 HCl 释放量，其特殊性能如表 7-2 所示。

表 7-2 低卤低烟阻燃电缆特殊性能

性 能	指 标
阻燃性能	A、B、C 三类均可
HCl 气体释放量（mg/g）	<100
烟透光率	≥35%

（4）耐火电缆。耐火电缆在着火燃烧时仍能保持一定时间的正常运行，主要有三种类型。

1）矿物绝缘电缆（又称氧化镁绝缘电缆），采用氧化镁作绝缘材料，无缝铜管作护套，经特殊工艺制作而成，具有优良的防火、防爆、耐高温、耐腐蚀等特性，应用于要求特别安全或高环境温度、高辐射强度的场所，该电缆的长期使用温度为 250℃，在 950～1000℃时可持续供电 3h。但该类电缆制造工艺复杂，价格昂贵，安装较复杂，制造长度也受限制。

2）硅绝缘电缆，其绝缘层采用硅橡胶混合物，具有较好的耐火性能，但材料主要依赖进口，价格偏高，制造及应用受限制。

3）用无机材料与一般有机绝缘材料复合构成的复合绝缘电缆，耐火层采用耐火云母带绕包在普通导体外。这种电缆工艺简单，价格较低，生产长度和使用范围不受影响，耐火性能较好，目前国内大多数电缆厂均生产这种耐火电缆供公共设施、高层建筑、地铁等处应用。

二、电缆防火措施

1. 封堵

防火封堵是采用防火堵料将电缆穿越处的小缝隙进行堵塞，防止电缆着火延燃。对电缆沟与电气盘、箱、柜的连接处、隔墙、楼板的孔洞等均需进行阻燃封堵。最好采用渗透性强、发泡时胀力大、密封性能、防水作用好，而且可拆性好、方便增补的材料。

在变电站新建工程中，应在以下施工部位实施阻火封堵：

（1）主控室、高压室、消弧装置及站变室等各个电气设备室电缆出入口和电缆沟通向变电站围墙的出口处；

（2）电缆夹层、电缆竖井、电缆沟等各类电缆经过地点；

（3）各类设备一、二次电缆出入口；

（4）各类控制屏柜、设备端子箱、场地端子箱、照明检修电源箱电缆出入口等；

（5）在控制电缆沟公用沟道的分支处。

电缆防火门要长期关闭，电缆防火板和电缆沟盖板的缝隙应封闭，电缆敷设密集处采用软堵料封堵严实。防火封堵一般用钢筋等材料作骨架以提供足够的机械强度，防止电缆着火，特别是发生电气短路时引起的空气迅速膨胀，产生一定的冲击，破坏骨架，使防火封堵失去作用。

2. 分隔

在隧道或重要回路的电缆沟的重要部位设置防火墙。按照《火力发电厂与变电所设计防火规范》的要求，长度超过 100m 的电缆沟或电缆隧道，均应采取防止电缆火灾蔓延的阻燃或分隔措施。电缆沟或电缆隧道长度小于 100m，可按分支沟道或主沟道的火灾不相互影响运行原则，在公用主沟道的分支处和公用主沟道中间设置防火墙。

在隧道或重要回路的电缆沟中的下列部位宜设置阻火墙（防火墙）：公用主沟道的分支处；多段配电装置对应的沟道适当分段处；长距离沟道中相隔约 200m 或通风区段处；至控制室或配电装置的沟道入口、厂区围墙处。

在竖井中，应每隔 7m 设置阻火隔层。

其次要在适当的位置设置阻火分隔，即在电缆引至电气柜、电气盘、电气台和电气屏的开孔处，以及电缆贯穿隔墙楼板的孔洞处，实施阻火封堵。

设置防火墙、阻火夹层及阻火段，将火灾控制在一定电缆区段，以缩小火灾范围。在电缆隧道、沟及托架是下列部位应予以设置：不同厂房或车间交界处、进入室内处，不同电压配电室配电装置交界处，不同机组及主变压器的缆道连接处，隧道与主控集控、网控室连接处，设置带门的防火墙。长距离缆道每隔 100m 处等，均应设置防火墙。在电缆竖井可用阻火夹层分离，对电缆中间接头处可设置阻火段达到防火目的。电缆隧道内应按机、炉分片设置阻火墙或防火门。对同一隧道内的电缆应视其负荷等级的重要程度，采取不同防火材料（如涂料、槽盒、包带等）予以分开。防火隔墙可将长电缆隧道、电缆沟道分割成小区段，将着火区间缩小，可采用耐火隔板、硅酸铝纤维毡、防火堵料、防火涂料等。防火隔墙用矿渣棉筑成，在隧道中与防火门配套使用。为了便于电缆新增与更换，防火隔墙应简易且易于拆卸。电缆隧道里起分隔作用的电缆防火墙厚度不应小于 240mm，防火墙要比电缆支架宽 100mm 以上，防火墙两侧还要有不小于 1000mm 的阻火段，以有效地防止电缆火灾的串延。

3. 涂层

涂刷防火涂料可避免电缆着火后延燃。防火阻燃带施工方便，不易脱落，适应性强，价格便宜，性能与防火涂料相似。在进入柜体的电缆至终端头部分，在防火隔墙两侧 2～3m 区域内将所有电缆涂刷三遍防火涂料或包防火阻燃带。防火涂料的阻火效果与涂层厚度。

4. 分流

大型变电站、降压站、中央控制室以及大型电缆隧道的电缆，应多用电缆进出口。对电缆敷设密集的部位应考虑进行分流改造，建立双通道或多通道，将电缆分散布置，有序排列，并保持间距。

5. 防止其他设备着火引燃电缆

可能引起电缆头着火有充油电气设备、输煤制粉系统、汽机油系统及施工过程中电焊火花飞溅等，可通过合理布置、防火分隔及封堵等措施防止电缆火灾的发生。

（1）充油电气设备附近的电缆沟盖板要密封，以防设备故障失火时油流到电缆沟里引燃电缆。

（2）加强施工管理，焊接时要采取相应的防护措施，防止电焊火花飞溅引起电缆火灾。

（3）输煤制粉系统附近电缆上的积粉要定期清扫，防止煤粉自燃引燃电缆。制粉系统防爆门对着的电缆包应装防火槽盒，防止防爆门动作喷火引燃电缆。

（4）汽机机头下的电缆要用防火槽盒包装，防止汽机油系统漏油侵入保温材料内，高温管道的保温材料外必须包金属包皮等。

（5）在隧道、沟、浅槽、竖井、夹层等封闭式电缆通道中，不得布置热力管道，严禁有易燃气体、液体管道穿越。

电缆沟、电缆隧道、电缆夹层内不能存留易燃物，电缆夹层的门一定要加锁，不能让人随意出入，防止人为因素引起电缆失火。

可能引起电缆头着火的有充油电气设备和输煤、制粉系统，汽机油系统。当这些设备和系统发生故障着火时，不能让火烧到附近的电缆，为此必须采取相应的措施：

1）首先，充油电气设备附近的电缆沟盖板要密封，防止设备故障着火时油流到电缆沟里引燃电缆。

2）其次，输煤、制粉系统附近的电缆上的积粉要定期清扫，防止煤粉自燃引燃电缆，制粉系统的防爆门对着的电缆要用防火槽盒包装，防止防爆门动作喷火引燃电缆。汽机机头下的电缆要用防火槽盒包装，以防止汽机油系统漏油侵入保温材料内，高温管道的保温材料外必须包金属包皮等。

3）此外，电缆沟、电缆隧道、电缆夹层内不能存留易燃物。电缆夹层的门一定要加锁，不能让人随意出入，防止人为因素引起电缆着火。

三、电缆灭火措施

1. 设置火灾报警系统

根据实际情况，选择适当的报警探头和适合电缆层特点的报警系统。目前在电缆沟、管道井使用较为广泛的是线性（或称缆式）感温探测器。这种导线和运行电缆一同敷设，并紧贴在电缆上，如果电缆的表面温度超过火灾报警线的设定温度，报警线则会报警。

2. 高压水喷雾灭火

在电缆廊道电缆密集的地区采用一般的防火材料比较困难，宜采用高压水喷雾灭火方式。为使水喷雾灭火及时有效地发挥作用，需配置高灵敏度的监测及控制系统。在大型建筑物内及电缆隧道中采用此法效果显著。

3. 气体灭火系统

按灭火方式，气体灭火系统可分为全淹没气体灭火系统和局部应用气体灭火系统。灭火剂可分为卤代烷气体灭火系统、CO_2灭火系统、新型气体灭火系统等。卤代烷主要为化学方法灭火，灭火效果好，但污染环境；CO_2为物理方法窒息灭火，但低温储存，一般在电缆隧道及夹层中不宜使用。

4. 高倍泡沫灭火系统

发泡后体积增大 600 倍以上，可迅速充满防护空间，以全淹没或覆盖方式灭火。泡沫绝热性能好、无毒，可用于扑救电缆火灾。

5. 超细干粉灭火装置

目前，超细干粉灭火装置分为贮压悬挂式和非贮压悬挂式两大类。

（1）贮压悬挂式。采用氮气驱动，每个装置上有压力显示器，日常维护中可以直观地检查到灭火装置的运行状态，这种装置由罐体和喷头组成，喷头上安装有感温玻璃球，优点是灭火剂在气体驱动下，喷射均匀，全淹没灭火效果好，启动时声音很小，贮存压力为低压范围，安全。缺点是灭火装置有泄漏压力的隐患，如果生产厂家选用的密封件及其他材料低劣，会出现泄漏压力，如不及时补充压力，会造成灭火时，灭火剂不能喷出。因此要严把产品质量关。

（2）非贮压悬挂式。非贮压悬挂式又分为脉冲式和固气态转换式。脉冲式采用发射火药作为气体发生剂，在导火索引燃或电引发器（点火头）激活后，瞬间产生大量气体，冲破喷口处铝铂，灭火剂在巨大的气体膨胀力作用下，瞬间喷射到灭火区域内或保护对象上，瞬间灭火。

固气态转换式灭火装置是综合脉冲式和贮压式两种产品的优点上，开发的新型产品，具有贮压式产品的外壳，类似于脉冲式产品的铝铂喷口（小喷口，在喷口下方设置有溅粉盘，使超细干粉喷射均匀），其气体发生剂是在发射火药的基础上加入了延缓剂，在接收到启动信号（点火头激活）后产气，灭火剂储罐内的压力增加，当达到一定压力后再冲破小喷口铝铂，喷射灭火剂灭火。

非贮压式超细干粉灭火装置的优点是常态常压，没有压力泄漏的隐患。其缺点也很明显，如脉冲式产品是爆炸方式驱动，爆炸声音较大。两种产品均属于有火工技术，装置内的气体发生剂属于危险品，厂家必须回收集中处理，如报废产品不能及时回收，会给社会留下安全隐患。

6. 加强电缆层（井）的通风

利用自然通风条件，尽可能在电缆层靠外墙部位设置通风口（通风口的具体设置可结合火灾扑救时的突破口）。同时还应建立不间断供电的机械排烟系统，以便在火灾初期通过自动报警联动打开排烟风机。

四、电缆防火管理

1. 规范的日常管理

企业应组织人员定期巡视电缆，检查电缆的阻燃、涂刷、隔离和封堵措施是否完整；及时清理电缆周围的易燃物和杂物；电缆沟道和夹层中应该采取相应的措施降低环境温度。

2. 落实日常防火检查

在运行期间，一般采用巡检人员日常巡检的方式对正常电缆进行监控，同时，通过工业电视对敷设于电缆层的电缆进行远程监控，因此，为了进一步提高电缆的运行水平，确保一些隐患和事故苗子能够及时得到消除，在确保技防、物防的同时，一定要做到人防，即：定期巡视电缆，检查电缆的阻燃、涂刷、隔离和封堵措施是否完整；及时清理电缆周围的易燃物和杂物；电缆沟道和夹层中应该采取相应的措施降低环境温度。

（1）定期检查并记录电缆的表面温度及周围温度，尤其应检查最热点的电缆温度，当测得电缆温度不正常或超过额定温度时必须查明原因，采取适当措施。

（2）电缆在正常运行中不允许过负荷，一旦发现电缆负荷超过额定值时，要立即采取必要的减负措施，保证电缆安全运行。

（3）电缆沟道、电缆井及电缆桥架等必须定期巡查，对发现的异常情况和现象，要严密监视，及早消除。当地面的改板被破坏时，应及时修补。

（4）在敷设电缆的沟道上，严禁堆放瓦砾、建筑材料、笨重物件及酸碱性排泄物等。因电缆施工而拆除的防火隔墙，凿开的孔洞应重新封堵。

（5）巡视电缆线路时，应着重检查电缆的接头盒有无发热、漏胶等缺陷，电缆终端接头应清洁，套管无破裂、漏油及放电现象，引出线接头是否紧固，有无发热等异状，电缆无损伤及严重腐蚀，接地线应完好。

（6）对电缆线路应定期进行清扫维护。电缆隧道及电缆沟内支架和过桥电缆支架必须牢固。若松动或腐蚀严重，应采取防护和加固措施。

（7）保持良好的运行环境，电缆沟、电缆隧道排水要畅通，通风要良好。不能让热力系统的废气、废水流人电缆沟、电缆隧道。防止电缆沟、电缆隧道内积水。必须避免电缆潮湿、外护层腐烂而损坏绝缘。

1）排水畅通。电缆沟、隧道等要有良好的排水设施，如设置泻水边沟、集水井，并能有效排水，必要时设置自动启、停抽水装置，防止积水，保持干燥。电缆沟、隧道的纵向排水坡度不得小于05%，防止水、腐蚀性液体或可燃性液体进入。

2）通风良好。电缆隧道宜自然通风，当有较多电缆导体工作温度持续达到 70℃ 以上或其他原因环境温度显著升高时，可装设机械通风。但机械通风装置在出现火灾时能可靠地自动关闭。长距离隧道宜适当分区段实行相互独立的通风。电缆隧道不得作为通风系统的进风道。避免电缆防火门处于常闭状态，不能用防火隔板将电缆完全封闭，不能把电缆隧道盖板的缝隙封闭，以免影响电缆通风和散热。

3）有完善的防鼠、蛇窜入的设施，防止小动物破坏电缆绝缘引发事故，应有可靠的防潮、防腐蚀措施等。

3. 电缆质量监督

（1）要保证电缆预防性试验的质量，电缆预防性试验必须严格按《电力设备预防性试验规程》（DL/T 596）的要求进行。这里值得指出的是，不能只看试验数据合格不合格，还应该对数据进行比较和分析，应和本电缆的以往试验数据比较，以探求试验数据的变化规律。如作直流耐压试验时，所测泄漏电流值随试验电压值的升高或加压时间的增加而上升较快、与相同电缆比较数值明显增大、与历史数据比呈明显的上升趋势或三者之间的泄漏电流不平衡系数较大时，应认真分析，判断是否存在隐患，来判定电缆能否继续运行。防止由于电缆内部绝缘的缺陷、老化、受潮、损伤等电缆自身故障引起电缆短路、短路电弧着火，及时发现绝缘不良的电缆，并将其退出运行。

（2）要加强对电缆头的监视和管理。由于电缆头通常是在现场手工制作，受现场条件限制及手工制作分散性的影响，一般来说电缆头是电缆绝缘的薄弱环节，所以加强对电缆

　　头的监视和管理是电缆防火的重要一环。

　　电缆头的使用寿命不能低于电缆使用寿命，接头的额定电压等级及其绝缘水平不低于所连接的电缆；绝缘接头绝缘环两侧耐受电压不得低于电缆护层绝缘水平的 2 倍。金属层接地应满足要求。接头形式应与所设置环境条件相适应，且不影响电缆的通流能力。电缆头两侧各 2~3m 范围内应采用防火包带作阻燃处理。

　　电缆终端头尽量不要放在电缆沟、电缆隧道、电缆槽盒、电缆夹层内。对那些放在电缆沟、电缆隧道、电缆槽盒、电缆夹层内的电力电缆终端头、中间接头必须登记造册，加强监视（最好用远红外线测温仪定期测温），若发现电缆头有不正常温升时，应及早退出运行，以避免运行中的电缆头着火。此外，对于电缆终端头、中间接头还应该有防火阻隔措施，以保证万一电缆头着火不会引燃相邻的其他电缆。

第三节　输、变、配电装置的防火措施及要求

一、变压器的防火措施和要求

（一）变压器火灾的危害

1. 变压器概述

　　电力变压器是根据电磁感应原理，以互感现象为基础，将一定电压的交流电能转变为不同电压交流电能的设备电力变压器按其在电力系统中输配电力的作用，可分为升压变压器，降压变压器及配电变压器；按其冷却介质不同又可分为干式变压器和油浸式变压器。干式变压器以空气或其他气体作为冷却介质；油浸式变压器以变压器油作为冷却及绝缘介质。干式变压器优点是阻燃、环保、抗冲击、拆开运输方便、易维护；缺点是容量和电压较低、大容量干式变压器需要风机增大通风量、需要在额定容量下运行、造价高。油浸式变压器优点是适用全容量、过载性能好、造价低；缺点是可燃、需要事故油池、对防火要求高、较难维护。干式变压器适合安装在大型建筑、高层建筑室内；油浸式变压器适合安装在室外，需要设事故油池。变压器室是为保护变压器及周围人员、设备安全设置的，因为油浸式变压器的可燃等特性，总油量大于 100kg 的油浸式变压器按规定应设置单独的变压器室。容量特别大的变压器因通风散热原因应考虑露天设置变压器室。

2. 变压器的火灾危险性

　　油浸电力变压器内部的绝缘衬垫和支架，大多用纸板、棉纱、布、木材等有机可燃物制造而成，油箱内充有大量的绝缘油。如 1000kVA 的变压器中大约有木材 $0.012m^3$，纸料 40kg，绝缘油 1t。

　　变压器绝缘油是饱和的碳氢化合物，其闪点为 135℃绝缘油和固态有机可燃物，在变压器发生故障时形成的过热或绝缘破坏后引起的电弧作用下，都会使故障点附近的绝缘物发生分解而产生气体，产生其气体的多少，随故障的性质程度而异气体大致成分如下。

　　绝缘油受热分解，如分接开关接触不良，铁芯的多点接地形成的裸金属局部过热而使周围的油分解，主要产生氢和烃类气体，不含有乙炔。但是，当分接开关接触不良，铁芯多点接地、股间短路等形成内部局部放电时，不仅产生氢和烃类而且还产生乙炔。

这些气体都是易燃气体，一般氢为 70%～80%，乙炔 13%，甲烷 3%～10%，乙烯 2% 及其他的碳氢化合物。

木材、纸、纸板等固体绝缘物，当其大面积受到变压器长期过负荷造成的过热或者接触不良造成局部过热时，就会受热分解，产生一氧化碳和二氧化碳。

这些气体的混合物统称油气，混合在油中会使油的闪点降低，绝缘油的闪燃试验结果发现可低落到 52℃（90℃、93℃、85℃），显然这些油气是可被变压器本身温度引燃的在正常情况下，变压器密封很好，油气与空气形不成爆炸性混合物，燃烧爆炸事故不能发生。但是，如果故障持续时间过长，易燃气体会愈来愈多，使变压器内部压力急剧增加，以至于使油箱爆炸或裂解，喷油燃烧，油流的扩展又会扩大火灾危害，造成停电、影响生产等重大经济损失。

大型油浸式电力变压器主要由油箱、散热器、铁芯、线圈、防爆管、绝缘套管等大量的可燃绝缘材料组成，同时内部充装大量具有绝缘和散热双重作用的绝缘油（一台 220kV，420MVA 的变压器充油量可达 50t 以上），工作油温一般为 50～70℃。因此，一旦发生短路、过载等故障，特别是当温度达到 400℃时，可燃的绝缘材料和绝缘油等就会受到高温和强电弧的作用，开始发生轻微的分解、膨胀以致气化，分解出甲烷、乙烷等饱和碳氢化合物；当温度超过 400℃时，变压器油的分解速度加快，会分解出乙烯、丙烯等不饱和碳氢化合物；当温度升至 800℃，变压器油的分解能力最强；当温度超过 800℃时，变压器油几乎全部分解为甲烷、乙炔和氢。

由于变压器硅钢片的层间绝缘被破坏和铁芯发热，可使变压器铁芯局部过热，且变压器在高能放电的情况下可使局部温度达到 3000℃，在高温下分解的可燃气体使变压器内部压力在短时间内急剧增加。据调研，变压器发生爆炸部位多位于变压器套管和焊接薄弱位置、各种内外电气装置的接头部位，在变压器短时或持续性故障时间里，如果继电保护装置未能及时动作，当产生的可燃气体压力和数量超过箱体所能承受压力的临界值，气化油将从器身薄弱环节喷出，造成爆炸和火灾，同时位于油箱顶部油枕内的大量变压器油会在自然油压的作用下，从箱体开裂处向外猛烈喷出助长火势的蔓延，大大增加了扑救的难度。

（二）规范要求

1. 火灾危险性类别和耐火等级

变压器室因变压器类型和位置不同，对建筑的要求也不同。在《火力发电厂与变电站设计防火规范》（GB 50229）第 11 章的第 11.1.1 条中明确规定，油浸式变压器火灾危险性类别定为丙类，耐火等级定为一级；气体或干式变压器火灾危险性类别定为丁类，耐火等级定为二级。

建（构）筑物构件的燃烧性能和耐火极限，应符合现行国家标准《建筑设计防火规范》（GB 50016）的有关规定。

2. 防火间距的确定

变电站内建（构）筑物与站外建（构）筑物之间的防火间距应符合《建筑设计防火规范》（GB 50016）第 3.4.1 条的规定，室外变、配电站变压器按总油量分为 3 挡：5～10t、10～50t、>50t，这表示《建筑设计防火规范》（GB 50016）表 3.4.1 中室外变、配电站与其他类型建筑物的间距需要根据变压器总油量来确定。

变电站内建（构）筑物（设备）相互之间的防火间距应符合《火力发电厂与变电站设计防火规范》（GB 50229）第11.1.4条的规定，油浸式变压器按单台设备油量，分为3档：5～10t、10～50t、>50t，按此确定防火间距。

屋外油量小于2500kg的油浸式变压器之间的间距可按《20kV及以下变电所设计规范》（GB 50053）第4.2.2条执行。油量2500kg及以上按照《火力发电厂与变电站设计防火规范》（GB 50229）第6.6.2条规定的室外油浸式变压器之间的最小间距执行；在第6.6.3条规定了无法满足间距时应设置防火墙及设置范围，意味着当空间距离不足时可以采用防火墙的设置来隔绝生产危险。

《火力发电厂与变电站设计防火规范》（GB 50229）第11.1.7条规定"设置带油电气设备的建（构）筑物与贴邻或靠近建（构）筑物的其他建（构）筑物之间应设置防火墙"，明确了地下和户内变电站的带油电气设备与其他部位的隔墙是防火墙。《建筑设计防火规范》（GB 50016）第5.4.2.3关于民用建筑内的油浸式变压器的楼板、隔墙规定，"锅炉房、变压器室等与其他部位之间应采用耐火极限不低于2.00h的不燃烧体隔墙和不低于1.50h的不燃烧体楼板隔开。在隔墙和楼板上不应开设洞口，当必须在隔墙上开设门窗时，应设置甲级防火门窗"。

3. 贮油和挡油设施设计原则做法

在事故贮油池容量方面，《火力发电厂与变电站设计防火规范》（GB 50229）第6.6.6条规定"屋内单台总油量100kg以上的电气设备，应设置贮油或挡油设施"。

第6.6.7条规定"屋外单台总油量1000kg以上的电气设备，应设置贮油或挡油设施"，这两条还规定了容纳油量的设置以及在何种条件下可以减小贮油或挡油设施的容量。地下变电站的变压器则需要设置能贮存1台最大变压器油量的事故贮油池。设置容量不低于20%变压器油量的挡油池时，需有将油排到安全场所的设施。位于特殊场所的油浸式变压器室必须设置100%变压器油量的贮油池或挡油设施。特殊场所包括容易沉积可燃粉尘、可燃纤维的场所，附近有粮、棉及其他易燃物大量集中的露天场所，油浸式变压器室下面设有地下室。

贮油或挡油设施设计原则：根据国标图集《变配电所建筑构造》（07J 912-1）的详图，设计时需要先在地上部分做架空钢筋混凝土楼板，有设备基础放置油浸式变压器，在变压器基础四周是钢格板，使油可以向架空钢筋混凝土楼板下方渗入。根据对容纳油量设计贮油池的大小，贮油池上覆钢筋盖板，盖板上是卵石层，厚度不小于250mm，卵石直径宜为50～80mm。漏油处理的方式有两种：① 直接做排水沟在门口位置收集漏油，再通过地下管道向室外事故油池输送；② 定期通过抽油管将漏油抽走。需注意的是，整个变压器室的地面都需要做防油层，且四周坡向贮油池。

4. 灭火设施及火灾自动报警

《火力发电厂与变电站设计防火规范》（GB 50229）第7.3.2条规定屋内高压配电装置（无油）、油浸式变压器检修间、油浸式变压器室等可不设室内防火栓。第7.10.1条对灭火器的配置进行了规定，其中室外变压器和油浸式变压器室的场所种类都是B类（液体火灾或可熔化固体物质火灾），危险等级都是中等。灭火器配置设计，遵照《建筑灭火器配置设计规范》（GB 50140）执行。因此，室外变压器和油浸式变压器室仅需要设置灭火器即满足规范要求。

对于地下变电站的油浸式变压器，宜采用固定灭火系统。对于单台容量为 125MV·A 及以上的主变压器应设置水喷雾灭火系统、合成型泡沫喷雾系统或其他固定式灭火装置。现行常用到的主变压器固定式灭火装置还有排油注氮灭火系统。

（三）变压器火灾事故的原因

1. 绝缘损坏

（1）绕组绝缘老化。变压器长期过载，会引起绕组发热，使绝缘逐渐老化，造成匝间短路、相间短路或对地短路，引起变压器燃烧爆炸。因此，变压器在安装运行前，应进行绝缘强度的测试，运行过程中不允许过载。

（2）油质不佳，油量过少。变压器绝缘油在储存、运输或运行维护中不慎使水分、杂质或其他油污等混入油中后，绝缘强度会大幅度降低。当其绝缘强度降低到一定值时就会发生短路。因此放置时间较长的绝缘油在投入运行前或运行中，若未进行水分、杂质、黏度、击穿强度、介质损失角、介电常数等的化验，就存在发生短路引起火灾爆炸事故的可能。

（3）铁芯绝缘老化损坏。铁芯硅钢片的绝缘层如果在生产组装时受到损伤，运行中就会产生较大的涡流，有涡流的地方温度升高导致局部过热，使绝缘层受损坏的面积扩大，甚至使铁芯局部熔化，导致附近的绕组绝缘损坏，继而发生短路引起燃烧。铁芯的穿芯螺栓绝缘损坏也会产生很大的涡流，导致局部过热，加速绝缘的老化，导致短路事故的发生，也会引起火灾、爆炸事故。变压器铁芯应定期测试其绝缘强度（测试方法和要求与线圈相同），发现绝缘强度低于标准时，要及时更换螺栓套管或对铁芯进行绝缘处理。

（4）检修不慎，破坏绝缘。在吊芯检修时，常常由于不慎将线圈的绝缘和瓷套管损坏。瓷套管损坏后，如继续运行，轻则闪络，重则短路。因此，检修时应特别谨慎，不要损坏绝缘。检修结束之后，应有专人清点工具（以防遗漏在油箱中造成事故），检查各部件、测试绝缘等，确认完整无损，安全可靠才能投入运行，否则有可能发生由此引起的火灾事故。此外在检修时更要注意引线的安全距离，防止由于距离不够而在运行中发生闪络，造成火灾事故。

2. 导线接触不良

线圈内部的接头、线圈之间的连接点和引至高、低压瓷套管的接点及分接开关上各接点，如接触不良会产生局部过热，破坏线圈绝缘，发生短路或断路。此时产生高温的电弧，同样会使绝缘油迅速分解，产生大量气体，使压力骤增，破坏力极大，可能由此引发火灾、爆炸事故。导线接触不良的主要原因是螺栓松动、焊接不牢、分接开关接点损坏。

3. 负载短路

绕组绝缘损坏或失去绝缘，将会发生匝间短路、层间短路、相间短路和接地短路。短路电弧引燃可燃物，同时加速变压器的老化。变压器油受热分解出酸性物质反过来又腐蚀绕组的绝缘，导致其多处短路，以致发生火灾事故。变压器短路事故发生时，如保护系统失灵或整定值过大，就有可能烧毁变压器，并由此引发更大的火灾事故，这样的事故在供电系统中并不罕见。因此若变压器未安装短路保护，或保护系统设定失误，短路发生时不能起到有效的保护动作，有可能造成短路引发的火灾事故。

4. 接地系统不完好

中性点直接接地系统，当三相负载不平衡时，零线上就会出现电流，如这一电流过大而接地点接触电阻超标时，接地点就会出现高温，引燃周围的可燃物，引发火灾。所以若接地线、点连接不牢固，接触不良，都有可能引发火灾事故。

5. 雷击过电压

电力变压器的电源大多由架空线引来，易遭到雷击产生的过电压的侵袭，击穿变压器的绝缘，甚至烧毁变压器，引起火灾。变压器与架空线路连接的一侧或者两侧装设的避雷设备不完善，或者避雷设备受损或年久失修，雷击过电压会传入变压器内，就有可能引发雷击造成的火灾、爆炸事故。另外，还会导致变压器的套管与油箱之间发生闪络，引起油箱盖上的可燃物燃烧；还可能导致油箱内的套管部分对油箱放电，引起油箱爆裂喷油燃烧；还可能导致绕组过电压击穿短路，或导致绕组对油箱的绝缘被击穿，造成油箱爆裂喷油燃烧，导致火灾事故的发生。

6. 套管故障

对于普遍采用的尺寸较小、油质较好而且装拆方便的全密封油浸纸电容式瓷套管，如果安装时不小心，套管受机械性冲击或运行中受过高温度的作用会产生裂纹。尤其当套管制造不良，内部的电容芯中空气与水分未除尽或卷得太紧导热不良，在充油套管裂纹导致击穿时，往往出现爆裂状况，有引发火灾事故的可能。

7. 分接开关故障

若产品质量较差、分接开关接头接触不良或分接开关油箱内绝缘油绝缘性能低，就会导致局部过热或产生电火花。分接开关附近的变压器受这种高温和电火花的作用发生劣化，绝缘性能下降，继而导致分接开关击穿，引起油燃烧或分接开关箱爆裂燃烧。

8. 油箱故障

变压器在制造过程中如果油箱存在质量问题，焊缝不严密、不牢固或有虚焊，在运输震动中和长期运行期间，变压器油的热胀冷缩及油箱壁本身应力受温度影响而导致渗油；套管与油箱联接法兰盘不严密或放油阀等需要拧紧螺纹的地方未拧紧，都会造成渗油；更为严重的是，当绕组或油箱同其他附件发生短路或接地故障时，产生的电弧将油箱壁烧蚀出小孔洞，导致油箱漏油。以上原因导致的渗油和漏油若遇到电火花会发生火灾事故。

9. 变压器油劣化

在变压器中具有电气绝缘和循环散热双重作用的变压器油，由于过载引起的高温、铁芯过热或绕组短路电弧，或其他故障导致的局部过热和电火花高温的影响，发生氧化而生成多种溶于油的酸类和氧化物，还生成多种不稳定的产物。多种氧化物中的一种为黑色淤泥样，俗称"油泥"的沉淀物积聚于绕组上、铁芯的铁轭、夹件上和散热器的散热管（或冷却器的冷却管）中。油泥导热性很差，积聚的越多，绕组发热越严重；多种不稳定物质的进一步分解，其中分解出腐蚀力很强的臭氧，损坏绝缘材料。总之，变压器油受热氧化的生成物严重地腐蚀绕组的绝缘，油泥聚集在散热管或冷却管中，将阻碍油的循环和影响散热效果，使变压器油加速老化、分解、析出可燃气体。同时，由于油的受热分解产生的酸性物质腐蚀绕组的绝缘，产生的油泥阻碍绕组的散热，致使绕组的绝缘强度下降，导致绕组绝缘被击穿。油的受热膨胀和热分解产生的气体都会导致油箱爆裂喷油燃烧。

10. 保护装置失灵

变压器事故状态下，若发生电压电流保护或非电量保护（如气体继电器）等保护失灵，保护配置不合理，控制电源电压低，断路器拒动等情况，都将会使故障扩大形成火灾事故。

11. 内部故障

电力设备、线路及变压器内部故障时，都将引起运行中变压器绝缘油的击穿，挥发出低分子烃类或易燃气体，这些气体溶解在变压器油中，就会降低变压器油的燃点和闪点。

无论是电力变压器铁芯产生的持续高温，还是高能放电引起的突发性短暂高温，只要能使变压器油的温度大于400℃，就会在密闭的变压器器身内部产生数量可观的可燃气体。变压器在高温作用下所生成的可燃气体，有的直接进入变压器油枕上部的空间；有的直接被变压器油溶解（使变压器油的绝缘强度降低）后再部分地释放出来；这样在变压器油枕上部空间内就积聚了大量的可燃气体，使变压器油的闪点降低。在电力系统的设备、线路或变压器内部故障时，如果变压器的继电保护（各类保护后述）拒绝动作或动作不及时，将使变压器油的温度在极短的时间内以极快的速度上升，产生的过量可燃气体已经来不及被变压器油所溶解，而迅速增加的被气化的变压器油体积急剧膨胀，变压器器身的薄弱部位（如变压器瓷套管、器身焊缝、防爆口等处）将破坏裂口，变压器油及产生的可燃气体一起从裂口中喷出，喷出的变压器油及可燃气体的混合物在与空气摩擦接触后，就产生火焰或爆炸。

（四）变压器防火措施

1. 设计选型

设计选型时，要注意选用优质产品，并进行严格的检查试验。特别是油箱强度、各部位强度要相同，这对承受较大内压对切除故障后及时灭火是十分有效的。按照规定"变压器应能承受二次线端的突发短路作用无损坏"。另外防爆管直径、形状也要与容量相适应。尽可能避免急剧弯曲或截面的变化。

2. 保护配置

变压器各侧断路器应定期校验动作应灵活可靠；变压器配置的各类保护应定期检查保持完好。这样，即使变压器发生故障也能正确动作切断电源缩短电弧燃烧时间。主变压器的重瓦斯保护和差动保护在变压器内部发生放电故障时能迅速使断路器跳闸，因而能将电弧燃烧时间限制得最短，使在油温还不太高时，就将电弧熄灭。

设置完善的变压器保护装置按照相应的设计规范对不同容量等级和使用不同环境的变压器选用熔断器、过电流继电器的保护装置以及气体（气体继电器）保护、信号温度计的保护等。从而使变压器故障时能及时发现并切除电源。

3. 运行维护

变压器着火事故大部分是由本体电气故障引起的，作好变压器的清扫维修和定期试验是十分重要的措施。如发现缺陷应及时处理，使绝缘经常处于良好状态，不致产生绝缘油点燃起火的电弧。

注意运行、维护工作，定期对绝缘油进行化验分析，搞好巡视检查及时发现异常声音、温度等，并要保持变压器良好的通风条件。变压器不宜过负荷运行事故过负荷不得超过有关规定值。

定期对变压器油作气相色分析，发现乙炔或氢烃含量超过标准时应分析原因甚至进行吊芯检查找出问题所在。在重瓦斯动作跳闸后不能盲目强送，以免事故扩大发生爆炸和着火。

变压器周围应有可靠的灭火装置。

变压器加油应采用真空注油，以排除气泡。油质应化验合格并作好记录变压器投入运行后重瓦斯保护应接入跳闸回路，并应采取措施防止误动作。当发现轻瓦斯告警信号时要及时取样加以处理。

对变压器渗漏油的故障要及时加以排除。

防爆装置应安装在正确的位置，防爆板应采用适当厚度的层压板或玻璃纤维布板等脆性材料。

加强管理和建立正常的巡视检查制度。

（五）变压器的灭火措施

1. 概述

变压器是变电站内最重要的设备，油浸变压器的油具有良好的绝缘性和导热性，变压器油的闪点一般为130℃，是可燃液体。当变压器内部故障发生电弧闪络，油受热分解产生蒸气形成火灾。变压器灭火试验和应用实践证明水喷雾灭火系统是有效的。但是我国幅员辽阔，各地气候条件差异很大，变压器一般安装在室外，经过几十年的运行实践，在缺水、寒冷、风沙大、运行条件恶劣的地区，水喷雾灭火的使用效果可能不佳。对于中、小型变电站，水喷雾灭火系统费用相对较高，因此中小型变电站的变压器宜采用费用较低的化学灭火器。对于容量125MVA以上的大型变压器，考虑其重要性，应设置火灾探测报警系统和固定灭火系统。对于地下变电站，火灾的危险性较大，人工灭火比较困难，也应设置火灾探测报警系统和固定灭火系统。固定灭火系统除了可采用水喷雾灭火系统外，排油注氮灭火系统和合成泡沫喷淋灭火系统在变电站中的应用也逐渐增加，这两种灭火方式各有千秋，且均通过了消防检测机构的检测，因此也可作为变压器的消防灭火措施。对于地下和户内等封闭空间内的变压器也可采用气体灭火系统。

2. 规范要求

地下变电站的油浸式变压器和采用固定灭火系统的油浸式变压器应设置火灾自动报警系统。《建筑设计防火规范》（GB 50016）第5.4.2.8条对民用建筑内的油浸式变压器规定应设置火灾报警装置。综合考虑，除了单台容量为125MVA及以上的主变压器、地下变电站和民用建筑内的油浸式变压器外，其他的油浸式变压器可以不用设置固定灭火系统和火灾自动报警系统。

下列场所应设置自动灭火系统，并宜采用水喷雾灭火系统：

单台容量在40MVA及以上的厂矿企业油浸变压器，单台容量在90MVA及以上的电厂油浸变压器，单台容量在125MVA及以上的独立变电站油浸变压器。

注：设置在室内的油浸变压器、充可燃油的高压电容器和多油开关室，可采用细水雾灭火系统。

水喷雾灭火系统喷出的水滴粒径一般在1mm以下，喷出的水雾能吸收大量的热量，具有良好的降温作用，同时水在热作用下会迅速变成水蒸气，并包裹保护对象，起到部分窒息灭火的作用。水喷雾灭火系统对于重质油品具有良好的灭火效果。（注：这一条为强制性条文。)

变压器油的闪点一般都在 120℃以上，适用采用水喷雾灭火系统保护。对于缺水或严寒、寒冷地区、无法采用水喷雾灭火系统的电力变压器和设置在室内的电力变压器，可以采用二氧化碳等气体灭火系统。另外，对于变压器，目前还有一些有效的其他灭火系统可以采用，如自动喷水—泡沫联用系统、细水雾灭火系统等。

根据 GB 50016 第 8.5.4 条的规定，一定容量的油浸电力变压器应设置自动灭火系统，且宜采用水喷雾灭火系统。GB 50016 第 8.5.4 条文解释规定：对于变压器火灾，还有一些有效的其他灭火系统可以采用，如自动喷水—泡沫联用系统，变压器排油注氮装置等。GB 50229 中规定：固定灭火系统除了可采用水喷雾灭火系统外，还可采用排油注氮灭火系统和合成泡沫喷淋灭火系统，这两种灭火方式各有千秋，且均通过了消防检测机构的检测，因此也可作为变压器的消防灭火措施。

3. 变压器火灾事故的消防专项预防措施

电力变压器在系统的设计上与实际应用中，根据不同的需要采取了不同形式的保护措施。只有采取火灾探测报警与灭火系统，并使之与变压器的各种继电保护相互配合，这样才能从根本上解决电力变压器发生火灾的问题。

(1) 点型电子定温探测器。采用特制的半导体热敏电阻（Critical Temperature Resistor, CTR）作为传感元件，这种探测器的 CTR 电阻在室温或正常温度下具有极高的阻值（可高达 100MΩ以上），随着环境温度的升高，阻值会缓慢下降；当达到设定温度时，临界电阻的阻值会雪崩般的下降到几十欧姆，使得信号电流迅速增大，探测器给出报警信号。点型定温探测器，是安装在变压器的四周的，并使探头成 45°方向朝着变压器的器身。

这种类型的探测器动作于变压器火灾的发生，它通过对已发生火灾变压器四周温度急剧上升数率的探测发出报警信号，并依此为依据控制变压器灭火系统的工作。因这种探测器存在抗电磁干扰等问题，必须安装在远离电力变压器处，而安装距离又与电力变压器的电压等级有关。同时这种探测器受气候、温度和变压器周围风速的影响比较大。因此应用于电力变压器火灾探测的点型定温探测器定温温度的选择就显得十分重要。

(2) 线型缆式感温探测器。线型缆式感温探测器是由包敷热敏绝缘材料的两根弹性钢丝，对绞后外敷一根铜线后，绕包带再外加护套制成。在正常监视状态下，两根钢丝间的阻值接近无穷大。由于终端电阻的存在，电缆中通过微弱的监视电流（≤5mA）。当环境温度上升到额定动作温度时，其钢丝间的热敏材料性能被破坏，绝缘电阻发生跃变，几乎短路，火灾报警控制器探测到这一报警电流（≥20mA）后，发出火灾信号。当电缆发生断线时，监视电流为零，控制器据此发出故障预警信号。

线型缆式感温探测器电缆的安装是紧密缠绕在变压器器身的周围。这种敷设方式不受变压器电压等级的影响。因感温电缆是紧密地缠绕在变压器器身周围的，所以当变压器内部的油温升高时，经内部热传导到达变压器的器身表面时，即刻被线型缆式感温探测器所探知，所以能快速反应出变压器内部油温的变化情况。只要线型缆式感温探测器的定温温度选择合适，就能可靠的发出报警信号。由于该种探测器是紧密地缠绕在变压器的器身上，所以变压器周围环境温度、风速的变化对其影响不大。

(3) 可燃气体探测器。可燃气体探测器是采用半导体气敏元件及先进的微处理器技术的智能器件，它的检测元件为半导体自然扩散式；报警浓度为气体爆炸下限浓度的 1/4；响应时间为 15s；恢复时间为 30s；预热时间为 5min。将可燃气体探测器的探头插入到变压器的油枕或器身的适当部位，当变压器油持续在高温或高能放电作用下发生分解时，就能即刻探测到，或动作于信号或动作于火灾报警。

固定灭火系统除了可采用水喷雾灭火系统外，还可采用排油注氮灭火系统和合成泡沫喷淋灭火系统，这三种灭火方式各有千秋，且均通过了消防检测机构的检测，因此也可作为变压器的消防灭火措施。排油注氮防爆防火灭火系统和水喷雾灭火系统优缺点如表 7-3 所示。

表 7-3　　　　　　排油注氮防爆防火灭火系统和水喷雾灭火系统优缺点

特点	排油注氮防爆防火灭火系统	水喷雾灭火系统
优点	主动防爆、防火、灭火，有效防护，保证系统不被破坏。在变压器将要发生爆炸或燃烧前启动，将事故扼杀在萌芽状态，提供完整保护。每台变压器均可获得独立保护，1台停用或启动后对其他变压器的保护不受影响。不受太多环境影响，投资少。一次性投资成本低	无需对变压器本身进行改造，为单独的消防系统。发生误动后，对整个系统不会产生太大影响
缺点	需对变压器本体进行改造，一旦系统发生误动作，对整个系统和变压器的影响会很大	被动灭火，只在变压器火灾发生后进行灭火。变压器在火灾后实际已经处于报废状态。受环境影响大，占地大，施工麻烦，造价高

4. 常用的灭火系统

（1）水喷雾灭火系统。根据国内外多年来对水喷雾灭火机理的研究，认为当水以细小的水雾喷射到正在燃烧的物质表面时，会产生以下作用：表面冷却作用。蒸汽窒息作用和乳化作用，通过高压产生细小的水雾滴直接喷射到正在燃烧的物质表面产生表面冷却、窒息、乳化、稀释等作用，从水雾喷头喷出的雾状水滴，粒径细小，表面积很大，遇火后迅速气化，带走大量的热量，使燃烧表面温度迅速降到燃点以下，使燃烧体达到冷却目的；当雾状水喷射到燃烧区遇热汽化后，形成比原体积大 1700 倍的水蒸气，包围和覆盖在火焰周围，因燃烧体周围的氧浓度降低，使燃烧因缺氧而熄灭；对于不溶于水的可燃液体，雾状水冲击到液体表面并与其混合，形成不燃性的乳状液体层，从而使燃烧中断；对于水溶性液体火灾，由于雾状水能与水溶性液体很好溶合，使可燃性浓度降低，降低燃烧速度从而熄灭。

1）表面冷却。相同体积的水以水雾滴形态喷出时比直射流形态喷出时的表面积要大几百倍，当水雾滴喷射到燃烧表面时，因换热面积大而会吸收大量的热迅速汽化，使燃烧的油表面温度迅速降到油热分解所需的温度以下，从而中断油的分解和燃烧。水雾滴径越小，单位面积水形成的水雾的表面积越大，冷却效果越好，同时电绝缘性能越好。

2）窒息。水雾滴受热形成的水蒸气体积比原体积大很多倍，可使燃烧物质周围空气中的氧含量降低，燃烧将会因缺氧而受抑或中断。

3）乳化。当水雾喷射到正在燃烧的变压器油表面时，由于水雾滴的冲击，在液体表层造成搅拌作用，从而造成液体表层的乳化，由于乳化层的不燃烧性使燃烧中断。

总之，变压器水喷雾系统能起到灭火、抑制火灾、防止火灾蔓延、预防着火的防护作用。

水喷雾系统分固定式和移动式两种装置，主变压器中一般采用固定式水喷雾灭火系统，一般由有火灾探测自动控制系统的高压水给水设备、雨淋阀组、雾状水雾喷头等组成，其工作原理如图 7-1 所示。

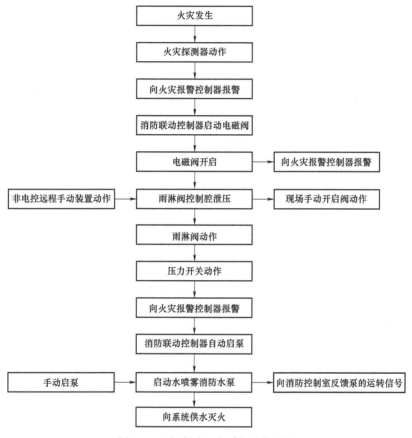

图 7-1 水喷雾灭火系统工作原理

水喷雾灭火系统的雨淋阀后管道平时为空管，火警时由火灾探测系统自动或手动开启雨淋阀，使该阀控制的系统管道上的全部水雾喷头同时喷水灭火，同时就地发出火警铃声，并通过压力开关向消防主盘发出灭火系统动作信号。

水喷雾灭火系统应设有自动控制、手动控制和应急操作三种控制方式。当火灾发生时，缆式探测器将信号传递到火灾报警装置发生火灾报警，经自动或人工确认后，启动水喷雾灭火系统。

（2）合成型泡沫喷雾灭火系统。合成型泡沫喷雾灭火系统是采用合成型灭火剂和水按一定比例混合储存于储液罐中。火灾时，通过火灾自动报警联动控制或手动控制，启动高压氮气动力源，氮气推动储液罐内的合成型灭火剂，经管道和喷头雾化后，将其喷射到灭火对象上，借助水雾和泡沫的冷却、窒息、乳化、隔离等综合作用实现迅速灭火的目的。合成泡沫灭火剂是由 ST 高效灭火剂和 FE 高能阻燃剂合成的，特别适用于热油的火灾，稳定性好，对环境无污染，且具有良好的绝缘性能。合成型泡沫喷雾灭火系统主要有储液罐、合成泡沫灭火剂、电磁控制阀、氮气启动源、氮气动力源、减压阀、安全阀、水雾喷头和管网等部件组成。合成型泡沫喷雾灭火系统不仅提高了灭火效果，而且由于灭火剂存在储液罐中，灭火系统的管路为干式管，系统不需要定期试喷，还能在缺水和寒冷地区使用，不必设置专用供排水设备。

合成型泡沫喷雾灭火系统由动力系统（氮气启动源、氮气动力源）、储液系统（储液罐、灭火剂、电动控制阀、安全阀等）、喷雾系统（泡沫喷雾喷头、管网）、报警控制系统四部分组成。

合成型泡沫喷雾灭火系统的工作原理：采用合成型的高效泡沫为灭火药剂，在高压喷头作用下，将雾化状的灭火药剂喷射覆盖到灭火对象上，利用该灭火剂中的泡沫层的冷却、隔绝氧气和抑制燃料蒸发等作用而使火灾熄灭。具有迅速灭火、控制火灾速度快、效能高、流动性好、自封能力强并且抗复燃能力强的优点。

系统启动应采用自动、主控制室手动和就地手动控制三种方式。

一般情况下灭火系统处于自动控制状态，控制系统对主变压器的温度及开关阀等信号进行实时检测，并通过逻辑运算判别火警后，自动启动电动控制阀，打开氮气动力源延时30s后开启主变压器的电动阀门。通过高压喷头将泡沫喷雾喷射到主变压器表面并完全覆盖住，待火灾熄灭后，需要手动关闭电动控制阀。

当灭火系统控制柜开关处于手动控制方式时发生火灾，此时灭火系统设备的启动，需要操作人员通过控制柜上的手动按钮打开电磁控制阀，延时30s后手动开启主变压器的阀门，通过高压喷头将泡沫喷雾喷射到主变压器表面并完全覆盖住，待火灾熄灭后，需要手动关闭电动控制阀。

当主变压器发生火灾时，灭火系统电气控制失灵，操作人员应在迅速赶至设备间现场进行手动开启氮气动力源的控制阀门，并打开主变压器的电动阀门，通过高压喷头将泡沫喷雾喷射到主变压器表面并完全覆盖住，待火灾熄灭后，需要手动关闭电动控制阀。

合成型泡沫喷雾灭火装置在变压器附近需要设置一座泡沫消防装置室（内设储液罐、启动源、控制柜等核心装置），但泡沫灭火剂有有效期，一般为3年，需要定期更换，合成型泡沫喷雾灭火系统的运行维护成本相对高昂。

水喷雾灭火系统和合成型泡沫灭火系统均为变压器外表面覆盖隔离冷却，对于变压器内部组件起不到保护作用。

（3）排油注氮灭火系统。排油注氮灭火系统是变压器防爆防火保护系统，通过在油刚着火的时候启动灭火程序来防止变压器爆炸及着火。此系统是通过两种信号来启动的：① 保护变压器的断路器跳闸和压力释放装置动作；② 温度保护和瓦斯保护动作。系统收到信号后，打开快速排油阀将压力释放，防止变压器爆炸。在油排出3s后，氮气从变压器底部进入本体内，注入氮气后由于其在油中的搅拌作用，使得油温立刻降低到闪点之下，使火在1min内熄灭。持续注入氮气45min以冷却变压器本体及顶盖，防止重燃。

排油注氮灭火系统能快速排干净主变压器本体中的油，同时快速注入氮气产生窒息而起灭火作用有效防止主变压器爆炸的灭火系统。此种灭火系统是从主变压器本体内部开始切断火源，即在火灾前期就迅速启动灭火系统，灭火迅速、能把损失降低到最小，且火源消灭后氮气仍继续留在主变压器本体内，确保主变压器不会复燃，这种灭火方式是在发生火灾前就进行灭火了，故不会造成主变压器的损坏。

排油注氮灭火系统通常由消防控制柜、消防柜、断流阀、感温火灾探测装置和排油管路、注氮管路等组成。排油注氮灭火系统具有自动探测变压器火灾，可自动（或手动）启动，控制排油阀开启排放部分变压器油排油泄压，同时通过断流阀有效切断储油柜至油箱的油路，并控制氮气释放阀开启向变压器内注入氮气的灭火系统。

排油注氮系统防爆防火灭火基本原理：当变压器内部发生故障，油箱内部产生大量可燃气体，引起气体继电器动作，发出重瓦斯信号，断路器跳闸。

变压器内部故障同时导致油温升高，布置在变压器上的感温火灾探测器动作，向消防控制柜发出火警信号。消防控制中心接到火警信号、重瓦斯信号、断路器跳闸信号后，启动排油注氮系统，排油泄压，防止变压器爆炸；同时，储油柜下面的断流阀自动关闭，切断储油柜向变压器油箱供油，变压器油箱油位降低。一定延时后（一般为 3~20s），氮气释放阀开启，氮气通过注氮管从变压器箱体底部注入，搅拌冷却变压器油并隔离空气，达到防火灭火的目的。

排油注氮系统应含有自动控制、手动控制和应急就地手操三种控制方式。

排油注氮式变压器灭火装置防火防爆和灭火原理为"快速排油、注氮灭火"，即当变压器发生故障，产生的高温使油箱内部的变压器油分解出大量的可燃气体，引起气体继电器保护装置动作，断路器跳闸，发出相应的信号和指令。此时变压器油箱内部由于热惯性，压力继续增大，超过压力释放阀和压力控制器设定值时，则开启排油阀将变压器顶部的油迅速排掉，降低变压器油箱油位，减轻油箱本体油压，防止变压器爆炸；断流阀在流量增大时关闭，将储油柜和箱体内的油断开，油压的变化使氮气控制阀动作，氮气以恒压从变压器底部两侧多个管孔吹入，搅拌冷却变压器箱体内的油，同时充满排油后留下的空间，隔绝空气，使油温降至燃点以下，而迅速灭火，全部充氮时间为10min以上，可使变压器油充分冷却，防止复燃。

表 7-4 为灭火系统技术经济比较分析。

表 7-4　　　　　　　　　灭火系统技术经济比较分析

灭火系统	水喷雾灭火系统	合成型泡沫喷雾灭火系统	排油注氮灭火系统
优点	（1）火灾灭火的效率较高； （2）具有比较成熟的设计和使用经验	（1）高效灭火剂无毒，不会对环境及保护对象产生污染和次生污染，是一种非常"洁净"的灭火剂； （2）灭火效果好	（1）排油注氮消防属于主动灭火方式，具有防火防爆的性能； （2）占地面积较小； （3）系统简单，技术较为成熟； （4）安装简单，运行、维修方便
缺点	（1）需要设置完善的消防给水系统，管道系统较为复杂； （2）整套系统需要定期作设备维护； （3）属于被动式的灭火方式； （4）可能造成未着火设备、仪表的污损	（1）设备占地较大，需要设置泡沫装置室； （2）为被动式的灭火方式； （3）需要一定时间更换灭火试剂； （4）系统较为复杂，维护费用高	（1）设备只能防火，不能控制火灾的蔓延； （2）在系统安装后无法进行试喷，只能进行自动控制信号模拟
总投资（万元）	75	40	15

在价格上水喷雾灭火系统远高于其他两种灭火系统，但水喷雾灭火系统技术较成熟，应用比较普遍安全可靠，同时维护管理经验丰富，但需要配合设置一整套水消防系统，占用场地比较大，同时在控制维护方面比较烦琐。合成型泡沫喷雾灭火系统的高效灭火剂无毒，使用时不会对环境及保护对象产生污染和次生污染，在三种系统中的造价居中，且该系统为被动的灭火方式，系统较为复杂，后期维护费用高。排油注氮消防灭火系统最经济，是主动的灭火方式具有防火防爆的性能，安装运行维修简单方便。

表 7-5 为火电厂油浸变压器灭火系统经济技术比较。

表 7-5 火电厂油浸变压器灭火系统经济技术比较

系统类型	水喷雾灭火系统	泡沫喷雾灭火系统	排油注氮灭火系统
保护范围	变压器底部、四周及油坑	变压器顶面及套管升高座	变压器油箱内部
设计灭火强度	变压器/油坑: 20/6 [L/ (min·m²)]	8L/ (mm·m²)	4 个注氮口，注氮时间大于 30min
灭火阶段	初期、后期	初期、后期	初期
灭火时间	—	小于 5min	小于 1min
连续供给时间	不小于 24min	不小于 15min	不小于 10min
风速影响	较小	小	不受影响
带电安装距离	110kV: 1200; 220kV: 2400m; 500kV: 4200m		不受影响
灭火效能	效率高，但油箱内部降温效果差，油温高时易复燃	效率高，但油箱内部降温效果差，变压器下部火灾会复燃	灭火迅速，内部降温效果好，外部较差，需配辅助灭火设施
运行管理	需定期试验，维护工作量大	维护工作量小，需根据泡沫液的保质期（3～5 年）定期更换泡沫液	维护工作量小
系统投资（万元）	80	50	25
优点	安全可靠，技术成熟，误报后果小	高效、经济、安全、环保，误报后果小	造价低，占地小，管理维护工作量小，运行费用低
缺点	占地大，配套设施多	管理维护费用高	只能扑救初期火灾，且无法试喷，误报后影响正常运行，存在氮气泄漏问题

二、电容器的防火措施

（一）电容器火灾的常见原因

1. 概述

电力电容器适用于频率为 50Hz 交流输配电系统与负荷相并联，用于提高功率因数、调整电网电压、降低线路损耗已经充分发挥发电、供电和用电设备的利用率，提高供电质量。一般连接在 6～66kV 母线上。接在电网中的许多用电设备是根据电磁感应原理工作的。电容器在使用过程中，常常会出现爆炸或火灾事故，因此，我们应该采取相应的预防措施。

2. 常见原因

电力电容器最普遍的故障是元件极间或对外壳绝缘击穿，故障发展过程一般为先出现热击穿，逐步发展到电击穿，在高温和电弧作用下，产生大量气体，使其压力急剧上升，最后电容器外壳膨胀破裂，甚至爆炸起火，当某一电容器发生爆炸后，极有可能引发其余电容器爆炸而起火，引起整个电容器室火灾。一般情况下，引起电力电容器击穿并导致火灾的原因有以下几种。

（1）温度过高。电力电容器的运行介质依照材料和浸渍剂的不同，都有规定的最高允许温度，在运行过程中，若电容器内部介质超过规定，可导致介质耐压强度降低和介质损耗迅速增加而起火。另外，室温过高，电容器也会发热起火。电容器中元件与外壳之间的绝缘油介电系数低，燃点不高，容易发生燃烧。

（2）保养不到位。例如，电容器温度过高，未采取降温措施，致使绝缘油措施大量的气体使得箱壁变形鼓肚；未定期清洁电容器，电容器瓷瓶表面污秽严重，在电网出现内、外过电压和系统谐振的情况下导致绝缘击穿，表面放电，造成瓷瓶套管闪络破损。

（3）电容器的能量损耗。主要是极板之间的介质损耗和导电部分的热损耗，它将导致电容器发热。若不随着能量的损害而改变冷却条件，温度必然会升高，特别是将电容器分层排列时，更应该考虑散热问题，以免由于温度过高，增大了介质的热游离，而使器件损坏、介质击穿，发生爆炸起火。

（4）选用保护电容器熔断器熔丝的额定电流偏大；电容器组采用的不平衡或差动继电保护及延时过流保护等整定值偏大，整定时间过长等，一旦电容器发生故障时不能起到保护作用，造成火灾爆炸事故的发生。

运行电压过高，容易击穿电容器绝缘，形成相间或对地短路而引起火灾。

（5）高次谐波导致系统运行电流、电压正弦波畸变，加速绝缘介质老化，降低设备使用寿命或因长期过热而损坏，特别是当高次谐波发生谐振时，最容易使电容器过负荷、过热、振动甚至损坏。运行电流过大，会使电容器的温升增加。破坏其热平衡，导致火灾。

（6）电容器装置的断开与接入运行时的过渡过程会发生过电压和涌流。断开时，由于开关触点的运动速度不一定快，会使开关触点重燃而引起过电压，每重燃一次，电容器上的电压将增加 2 倍幅值，电容器接入时，会引起极大的涌流，特别是电容器带电荷接入，会带来更严重的后果。电容器断开和接入的过程中，由于过电压和涌流的存在，会引起短路。元器件击穿，电容器爆炸，大部分电容器火灾就是在此时发生的。

（7）电容器自动放电装置放电时，所储存的电场能量将转变为放电电阻上的热能，其热量在各放电电路上并不一致，而是与它们的电阻值在整个放电电路总电阻中所占的比值成正比。放电过程尽管很快，但放出的热量仍远不足使熔断器动作，而当某一电容器内部发生短路时，所有的电容器都要对它进行放电。这时，若自动放电装置损坏，会使电容器内热量急剧增加，导致油箱破裂，爆炸起火。

（8）电容器投入电网时形成振荡回路，产生过电压和过电流。在频繁过电压的作用下，电容器的局部放电不断得到激发而加剧，其结果必然对绝缘介质的老化和电容量的衰减其促进作用。一般认为电压升高 10%，寿命降低一半。GB/T 12747.1 中规定，电容器操作每年不超过 5000 次，原因是投入电容器所生产的过电压虽然是瞬间的，但过电压对绝缘介质的影响是能够积累的。在安装自动补偿装置后，电容器组频繁动作，加速了电容器绝缘介质的老化，逐步发展到电击穿，最后导致电容器爆炸而引起火灾。

（9）未能及时发现电容器瓷套管及外壳漏油，导致套管内部受潮、绝缘电阻降低造成击穿放电；运行中未能及时发现内部发生局部放电等。

（10）电容器自身结构不合理、制造质量差，如密封不严、对地绝缘不良等。电容器电极对油箱的绝缘处理工艺不当、产品元件质量差等是造成局部放电的原因，在电极边缘、拐角和引线接触处电场强度和电流密度都很高，容易发生局部放电和过热烧伤绝缘导致电容元件击穿。

（11）电容器组未按照在电容器技术条件要求的环境中，或电容器组的安装未按照电容器安装工艺要求安装，如电容器室未安装风扇冷却装置，电容器桩头接线松动发热，使电容器局部发热，直至引起火灾。

（二）防止电容器爆炸的技术措施

（1）禁止使用重燃率极高的 SN1－10 少油开关切合电容器组（可更换为 SM10－10，ZN－10 开关）。

（2）采用氧化锌避雷器保护，可作为防止电容器内部元件击穿的防线。

（3）对有 2 组及以上电容器进行相互合切时，必须加装串联电抗器。

（4）电容器组尽可能采用中性点不接地的双星形接线，并采用双 Y 零流平衡保护。

（5）定期测量电容器的电容量，一旦发现变化较大，立即退出运行。

（三）电容器火灾的预防措施

电力电容器都是充油的。如果电力系统超负荷，温度过高或者电器元件老化等，电力电容器容易发生爆炸引发火灾，势必会造成电力系统的停电事故。因此，电力电容器的安装环境应满足制造厂规定的技术条件要求。

电力电容器室最好是单独的防火建筑，如果电力电容器数量不超过 20 台，也允许与开关柜在同一个房间内，但电容柜应当单独排列，不得与开关柜混在一起。电力电容器室应通风良好，百叶窗应加铁丝网，以防小动物钻进去。电力电容器室不应有窗户，门应朝北或朝东向开，应能向左右开 180°。最好是铁门。如果是木质门，应包上铁皮。室温不应超过 45℃，湿度不得大于 80%，而且周围环境不得含有对金属和绝缘有害的侵蚀性气体、蒸汽及尘埃。不得堆积有易燃易爆物品或杂物。

电力电容器安装一般不应超过 3 层。电力电容器母线对上层架构的垂直距离应不小于 200mm，底部距地面应不小于 300mm。电力电容器架构间的水平距离应不小于 0.5m，每台电力电容器之间的距离应不小于 50mm。电力电容器的铭牌应朝向通道。电力电容器外壳应可靠接地，应该设置温度计和贴示温蜡片，以便监视运行温度。

对电力电容器进行安全检查时，要注意：① 检查温升情况，如果室温超过了规定的限度，就要采取通风降温措施；② 听一听电力电容器运行中有无异常响声；③ 看一看电力电容器外壳有无膨胀鼓起现象；④ 当电力电容器母线电压超过规定电压的 1.1 倍或电流超过额定电流的 1.3 倍以及室温超过时 45℃，电力电容器应该退出运行。

电力电容器最容易发生事故的时间是用电高峰和温度升高时。因此，在这个时间一定要加强对电力电容器的巡视检查。

电容器运行操作人员应建立日常巡视检查、定期停电检查和特殊巡视检查制度，要填写检查记录，注意观察电力电容器运行的电压、电流和环境温度不得超过制造厂家规定的范围。检查时发现电容器外壳有膨胀、漏油、渗油，或者箱壁产生棱角、严重凸出、产生异响，都应立即停用，防止电容器爆炸起火。

一旦电力电容器发生火灾，由于是带电燃烧，蔓延迅速，扑救困难，危险较大。

因此，电力电容器室内要备用适宜扑救带电设备的灭火器，如干粉灭火器等。当然，万一电力电容器发生爆炸火灾，应该立即切断电源，预防触电。在紧急情况下拉闸断电时，注意不要带大负荷拉闸，以免电弧把人烧伤。

虽然电力电容器在使用过程中有可能引发火灾。但是，只要加强预防，严格按安全规程操作。火灾事故还是完全可以避免的。

三、蓄电池室的防火措施

（一）蓄电池室相关规定

《电力设备典型消防规程》（DL 5027）中规定，酸性蓄电池室应符合下列要求：

（1）严禁在蓄电池室内吸烟和将任何火种带入蓄电池室内。蓄电池室门上应有"蓄电池室""严禁烟火"或"火灾危险，严禁火种入内"等标志牌。

（2）蓄电池室采暖宜采用电采暖器，严禁采用明火取暖。若确有困难需采用水采暖时，散热器应选用钢质，管道应采用整体焊接。采暖管道不宜穿越蓄电池室楼板。

（3）蓄电池室每组宜布置在单独的室内，如确有困难，应在每组蓄电池之间设耐火时间为大于 2h 的防火隔断。蓄电池室门应向外开。

（4）酸性蓄电池室内装修应有防酸措施。

（5）容易产生爆炸性气体的蓄电池室内应安装防爆型探测器。

（6）蓄电池室应装有通风装置，通风道应单独设置，不应通向烟道或厂房内的总通风系统。离通风管出口处 10m 内有引爆物质场所时，则通风管的出风口至少应高出该建筑物屋顶 2m。

（7）蓄电池室应使用防爆型照明和防爆型排风机，开关、熔断器、插座等应装在蓄电池室的外面。蓄电池室的照明线应采用耐酸导线，并用暗线敷设。检修用行灯应采用 12V 防爆灯，其电缆应用绝缘良好的胶质软线。

（8）凡是进出蓄电池室的电缆、电线，在穿墙处应用耐酸瓷管或聚氯乙烯硬管穿线，并在其进出口端用耐酸材料将管口封堵。

（9）当蓄电池室受到外界火势威胁时，应立即停止充电，如充电刚完毕，则应继续开启排风机，抽出室内氢气。

（10）蓄电池室火灾时，应立即停止充电并灭火。

（11）蓄电池室通风装置的电气设备或蓄电池室的空气入口处附近火灾时，应立即切断该设备的电源。

（12）其他蓄电池室（阀控式密封铅酸蓄电池室、无氢蓄电池室、锂电池室、钠硫电池、UPS 室等）应符合下列要求：

1）蓄电池室应装有通向室外的有效通风装置，阀控式密封铅酸蓄电池室内的照明、通风设备可不考虑防爆。

2）锂电池、钠硫电池应设置在专用房间内，建筑面积小于 $200m^2$，应设置干粉灭火器和消防砂箱；建筑面积不小于 $200m^2$ 时，宜设置气体灭火系统和自动报警系统。

（二）阀控铅酸蓄电池的性能

开口式铅酸蓄电池的水和硫酸在使用过程中会蒸发散失，虽然可以通过加水加酸进行维护，但维护工作量大，且污染环境。为了减少维护，阀控式铅酸蓄电池应运而生，并且在电力系统内的运用越来越普遍。

1. 阀控铅酸蓄电池的特性

（1）全密封结构，用安全阀控制电池内的气体压力。

（2）利用氧再复合"水循环"原理，使电池正极析出的氧气通过隔膜扩散到负极发生氧化反应生成 PbO_2，并与 H_2SO_4 反应，最终生成水，避免了水的散失。

（3）采用玻璃纤维或胶体作为隔膜，吸贮电解液，贫液式，紧装配。

2. 阀控铅酸蓄电池的优点

（1）无需加水加酸、调配电解液等维护工作，大大减少了变电站运行值班人员的工作量，节约了人力资源和物资资源。

（2）电流放电特性优良，低温放电性能良好，使直流系统的可靠性得到了有力保证。

（3）无酸雾逸出，使用安全，对环境无污染，可与设备同室安装。

（4）结构紧凑，可立式或卧式安装，占地面积小。

（5）无"记忆效应"。

（三）铅酸蓄电池起火原因分析

酸性蓄电池组由蓄电池串联而成，以作为变配电所的直流电源。蓄电池的主要危险性在于，它在充电或放电过程中会析出相当数量的氢气，同时产生一定的热量。氢气和空气混合能形成爆炸混合物，且其爆炸的上、下限范围较大，因此蓄电池室具有较大的火灾、爆炸危险性。

正常情况下，铅酸蓄电池的全部材料和物质成分都不是易燃物，不会发生自燃、引燃。但由于蓄电池组在运行中存在电流，因电流的持续能量供给，如果形成了回路或接触电阻很大就有可能发生过热，最终酿成火灾。可能的原因主要有两种。

（1）电池端连线松动。电池端子、连线、连条均为良好的导热体。如果连接螺栓松动，在松动处接触电阻很大，接触点发热，并持续向两侧扩散。高温软化端子封胶、电池盖及电池壳体，烤焦连线绝缘层，发展到严重程度时就会冒烟着火。

（2）电池损伤或电解液漏出形成电流回路。电池内部的电解液是优良的电导体，若外力、撞击、碰伤、膨胀、裂纹等使某个电池破裂，电解液渗出、漏出，同时 2 只或多只蓄电池的漏液腐蚀柜底漆层形成导电回路，这时由于蓄电池内阻很小，会产生很大短路电流，在漏点处会形成火星、火花。漏点逐渐扩大，电流更大，火花更多，从而引起火灾。

蓄电池外壳破损和长时间充电引起热失控，均可导致蓄电池电解液渗漏，腐蚀蓄电池极柱及电气线路外绝缘材料，从而导致蓄电池极柱接触不良等电气线路故障引起火灾。

（四）相关措施

1. 加强变电站直流电源系统运检管理

（1）电池组安装前应用橡胶板垫底，避震且防短路，安装过程中要轻拿轻放防止碰伤电池，安装完毕后要用 1000V 绝缘电阻表检查整组蓄电池正、负极分别对地绝缘，绝缘电阻均不应小于 $0.2M\Omega$，使用前 3 天重点观察是否存在漏液现象。

（2）工作人员应严格巡视并检查蓄电池的状态，对存在隐患的电池及时更换。

（3）定期开展对蓄电池的校验。新安装的阀控蓄电池在验收时应进行核对性充放电试验，以后每 2 年应进行 1 次核对性充放电，运行了 4 年以后的阀控蓄电池，每年进行 1 次核对性充放电试验，仅配置 1 组蓄电池时宜用备用蓄电池组临时代替，进行全核对性放电试验；对蓄电池组所有单体内阻的测量，投运后必须每年至少 1 次；对蓄电池所有的单体浮充端电压，应每个月至少记录 1 次；每 3 年开展 1 次对直流屏的设备试验。设备试验数据若不符合相关标准要求，应及时进行更换和维修。

2. 蓄电池独立成室

目前国家电网公司已规定 400Ah 及以上容量的蓄电池应独立成室，但大量 110kV 及以下变电站蓄电池均采取集中组屏和与二次设备共室布置的方式，此方式存在以下风险：

（1）蓄电池与保护测控装置共室和组屏安装方式存在一定的安全运行风险，当蓄电池发生故障时易造成主控室"火烧连营"，损毁共室二次设备，危害电网安全稳定运行。

（2）蓄电池采用组屏安装方式时，蓄电池组散热效果不佳，屏柜内温度普遍超过 35℃，不利于蓄电池长期稳定运行。

（3）组屏安装方式下屏柜内空间狭小，不便于开展蓄电池端电压测试、内阻测试等常规试验，造成了部分蓄电池试验项目开展不全，而这些试验是对蓄电池组的容量是否正常、是否存在开路、短路等现象的重要判断依据。同时组屏安装方式下屏柜内不能直观观测到每只蓄电池是否存在漏液，外观有无异常变形；不便于检测接线螺栓有无发热现象，螺栓是否松动或腐蚀污染，造成部分缺陷和隐患不能及时发现。

故有条件的已投运变电站应逐步将蓄电池组移出保护室，存放于独立的蓄电池室内。对 110kV 及以下新改扩建变电站应考虑设计单独的蓄电池室或采取与其他设备防火防爆有效隔离方式。

（五）蓄电池的防火防爆措施

（1）新、改、扩建蓄电池室要认真贯彻"三同时"原则，即其防火防爆措施及安全设施，必须与主体工程同时设计、同时施工、同时投入生产使用。

（2）蓄电池组应安装在由不燃材料建造的专用房间内，耐火等级为 1～2 级，屋顶必须设有敞开的气孔，如用气窗代替通风口时，窗口上部应与室内天花板平齐，并采用敞开的栅栏窗格，以防止氢气在屋顶部积聚。室内应多设门窗，以利于通风和防爆，厂房泄压面积与厂房容积的比不小于 $0.2m^2/m^3$。蓄电池室的入口最好有套间或门斗，避免一般房间及蓄电池室直接毗连，外套间及蓄电池室的门都应向外开。蓄电池室的门窗、墙壁、地面、顶棚应采用耐酸材料或涂耐酸油漆。蓄电池室周围 30m 内不准明火作业。

（3）如自然通风不能满足要求时，可采用通风设施。通风系统独立设置，不得与烟道或其他通风系统相连，并应符合防火防爆要求，管道应由非燃材料制成。

（4）不允许在室内安装开关、熔断器、插座等可能产生火花的电器，电气线路应加耐酸的套管保护，穿墙的导线应在穿墙处安装瓷管，并应用耐酸材料将管口四周封堵。蓄电池的汇流排和母线相互连接处，母线与蓄电池连接处还必须镀锡防护，以免硫酸腐蚀，造成接触电阻过大而产生火花。

（5）蓄电池室宜另行设置调酸室，以配制电解液。

（6）蓄电池室的取暖，最好使用热风设备，并设在充电室以外，将热风用专门管道输送室内。如在室内使用水暖或蒸汽采暖时，只允许安装无接缝的或者焊接的且无汽水门的暖气设备，不设法兰式接头或阀门，以防漏气、漏水。

（六）安全操作要求

（1）操作蓄电池的人员必须严格执行《蓄电池运用规程》和《安全技术操作规范》。

（2）充电时不宜采用过大电流，以免发热过高，并将蓄电池组的全部加液口盖拧下，使产生的氢气可自由逸出。测定充电是否完毕，必须采用电解液比重计。室内使用的扳手等工具，应在手柄上包上绝缘层，以防不慎碰撞产生火花。

（3）严禁在室内使用火炉或电炉取暖。

（4）充电室内需要进行焊接动火时，必须事先向有关安全、消防部门办理动火申请手续，动火前应停止充电，并经通风两小时以后，经取样化验和用测爆仪测定，符合安全要求时方能动火。在焊接时必须连续通风，焊接地点与其他蓄电池应用石棉板隔离起来。

（5）硫酸与一些有机物接触时会发热，可能引起燃烧。因此，蓄电池室应保持清洁，严禁在室内储存草、刨花、棉纱等可燃物品。硫酸的贮量只限于当时工作所需的数量，配制电解液应在调酸室进行。

（6）废酸液必须经中和处理，符合"三废"排放标准后，方准排放。

（7）在操作过程中，设置的防火防爆等设施，必须正确使用。

四、输电线路的防火措施

（一）架空输电线路山火故障情况及特点

架空输电线路走廊大多穿越人类活动频繁的山区田地，受人民烧荒、上坟等生产生活用火习俗的影响，这些地区的架空输电线路极易发生大范围山火，从而造成多条线路同时跳闸停电，严重时还会引发电网崩溃。架空输电线路因山火引起的跳闸在跳闸停电事故中占了相当重的比例，严重影响到输电线路的安全运行，对国民经济造成巨大损失。据统计，2010年第一季度南方电网跳闸事故，由山火引发的线路跳闸达128次。因此，对山火进行及时预警和监测，可以确保在山火发生时对其进行有效处理，降低电网停电风险，提高电力系统的安全稳定性。

近年来随着区域联网的不断发展，相关送出线路越来越多地穿越森林覆盖区等高山峻岭地带。这些地区独特的地形地貌、气候条件等因素极易引发山火，从而导致输电线路故障跳闸。这种情况越来越影响着输电线路的安全稳定运行，这类故障存在如下特点。

1. 故障多出现于春秋两季

气候干燥，气温较高，风力较大，为高森林火险地区，一旦出现火种极易形成森林火灾。

2. 故障多出现于午后

据气象台资料显示，线路沿线通常日最大风速出现在午后（12～16时），而这一时段正好是当日气温最高、湿度最小的时候，几种因素综合在一起使下午时段成了山火易发时段。

3. 山火形成的原因多种多样

（1）地方政府疏于监管，林区用火现象多有发生，人为原因导致意外失火。

（2）地方政府为预防森林火灾，在每年1～3月均要组织有计划烧除林下可燃物工作，在计划烧山工作中，由于点多面广，具体实施人员未落实安全隔离措施，容易引发不受控制的山火。

（3）每年春季正值山区村民开荒、烧荒、种植的高峰区，在此过程中未采取安全防范措施而引发山火。

（4）部分地方电力线路、电厂线路、施工线路错综复杂，且疏于管理，容易因短路引发山火。

4. 对电网运行影响极大

因山火造成的线路故障对电网运行的影响主要表现在：

（1）因山区地势原因，高电压等级输电线路多采用同塔双回或多回架设，一旦发生较大的山火，浓烈的烟火可能导致多回线路同时跳闸，导致电力通道全部中断，引起严重后果。

（2）因山火浓烟形成的线路跳闸通常重合不成功，且需要待山火减弱浓烟散去后才能保证试送电成功，导致线路停运时间较长。

（二）现有的监测方法

目前火情监测内容一般只包含火灾现场的火险天气及等级预测，缺乏山火行为相关参数的实时测报。为了正确评估输电线路可靠性，有必要在电力系统领域开展山火行为监测，现有的监测方法如下。

1. 地面巡护

地面巡护的主要任务是向群众宣传，控制人为火源，深入了望台观测的死角进行巡逻，对来往人员及车辆、野外生产和生活用火进行检查和监督。该方法存在的不足是巡护面积小，视野狭窄，确定着火位置时常因地形地势崎岖、森林茂密而出现较大误差，在交通不便、人烟稀少的偏远山区无法开展。

2. 航空巡护

航空巡护是利用巡护飞机进行山火的探测。它的优点是巡护视野宽、机动性大、速度快，同时对火场周围及火势发展能做到全面观察，可及时采取有效措施。但该方法也存在着不足：夜间、大风天气、阴天能见度较低时巡护飞机难以起飞；巡视受航线、时间的限制；观察范围小，且只能一天一次对某一林区进行观察，如错过观察时机，当日的森山火灾就观察不到，容易酿成大灾；成本高，飞行费用严重不足。

3. 卫星遥感

卫星遥感是利用极轨气象卫星、陆地资源卫星、地球静止卫星、低轨卫星探测山火。该方法能够发现热点，监测火场蔓延的情况，及时提供火场信息，用遥感手段制作森山火险预报，用卫星数字资料估算过火面积。该方法探测范围广，搜集数据快，能获得连续性资料，可反映火情的动态变化，而且收集资料不受地形条件的影响，影像真切。但存在实时性差，准确率低，需要地面花费大量的人力、物力、财力进行核实等缺点。

4. 可见光视频监控

该方法需要人员24h值守，夜间无法使用，雾天在加装透雾镜头的情况下最多能监测到300m以内的目标，并且容易产生漏报。

5. 红外热像仪（烟火识别系统）

该方法实现无人值守的不间断监测，自动发现监控区域内的异常烟雾和火灾苗头，同时还可查看现场实时图像，根据直观的画面直接指挥调度救火。但其存在的不足有容易漏报、误报等情况；火源面积要足够大才能识别，无法在第一时间发现火源，易错过最佳扑火期；不能全方位监控，存在死角；观测远近距离需人为调焦；雨雾天对观测距离和图像清晰度影响大；对阳光（水面反射、玻璃反射、汽车车顶反射等）、高温物体（烟囱、汽车排气管）等会产生虚警。

（三）现有的山火预警技术

主要分为无线监测技术和卫星遥感技术两种。无线监测技术是通过散落在检测地带的传感器采集有关的气象数据，来判断是否有可能发生火点；但该项技术受限于传感器的持续工作能力和信息传输能力，目前还不太成熟。

卫星遥感技术是目前国内外运用最为广泛的山火监测技术，该技术具有监测范围广、监测周期短等优点，但其检测结果的好坏在很大程度上依赖于探测技术和卫星反演算法。

架空输电线路山火监测告警技术，此类告警指的是在山火发生后极短时间内发出的警告，而非预测预警。现有的山火处置方式大都是在山火发生以后被动开展的，难以及时抽调足够的人力物力进行防治，处置效率不高。为了提高电网应对突发山火的反应能力，亟需开展架空输电线路山火预测预警研究。

（四）防山火措施

（1）加大电力设施保护工作力度把防山火工作纳入电力设施保护工作体系中，与防盗窃、防违章建房等电力设施保护工作统一起来，形成全面的协调工作机制。

（2）与地方政府充分沟通协作，创造更有利、更宽松的工作空间，利用各种途径加强对电力设施的保护。运行单位要与线路沿线政府进行联系，以建立在发生森林火险情况时的应急沟通机制，了解政府部门的难处，争取政府部门的支持，争取建立良好的合作机制，共同创造防止森林火灾的良好局面。

（3）利用宣传画、标语、广播、电视等媒体，加大电力设施保护宣传落实举报奖励机制，引导和促进沿线居民抵制破坏电力设施的行为，鼓励沿线居民在发现山火隐情、突发大风等情况时及时与输电线路管理单位取得联系。

（4）加大群众护线费用投入。巩固和发展群众护线网络，力争在线路沿线与各乡、镇、村、厂区、工地、养路站、护林站等一切可能对线路运行发挥作用的地点建立关系，形成强大的信息网络，达到随时了解沿线天气、交通等各种信息的目的，进而建立起更完善的群众护线网络。适当时下给群众护线员装配相关装备，提高群众护线员护线水平，充分发挥护线员的作用，以收集及时的、有据可查的现场信息。

（5）逐步建立线路防山火、防风害档案对线路沿线地形地貌、气候特征、线路档距、通道内植被情况、附近电力线路运行情况等进行综合分析，罗列防山火、风害的重点区段，为今后的特殊巡视和故障查找提供参考，为建立风速监测站提供依据。

（6）逐步完善在线视频、气象监控网络线路重点区段增设较完善的在线视频、气象监控装置，利用科技手段加强对重点地段的不间断视频监控，以弥补常规巡视、特殊巡视、群众护线所无法达到的不间断监视效果，以达更及时发现隐患、更准确查找故障原因的目的。

（7）与各地专业气象台进行沟通，有针对性地开展线路沿线风害预报、森林火险预报等与线路运行密切相关的气象服务。在此基础上，加大在特殊天气状况下对重点区段的特殊巡视力度。

完善预案，提高山火应急能力建立和完善防山火应急预案，充分做好人员和物质准备，应对突发的重大山火可能导致的倒塔、断线及输电线路大面积停电事故，认真组织防山火应急演练，提高对突发事故的应急和处置能力。

第四节　电缆隧道的防火措施

一、概述

随着城市架空线路的改造，110、220kV 甚至 500kV 电压等级的线路改为电缆，为大规模兴建城市电力电缆隧道提供可能。这种电缆隧道工程路径基本在城市的中心区域，一旦发生火灾将危及城市安全，因此应积极采取措施防止电缆隧道火灾的发生。

目前，电缆敷设主要采取的是直埋、排管、电缆沟以及电力隧道等形式。相对于直埋、排管与电缆沟敷设，电力电缆隧道主要有以下两方面优点。

（1）电力电缆隧道能够显著提高线路的输送能力。由于电缆隧道内部是敞开式的，电缆直接向空气散热；直埋和排管敷设的电缆是埋在土壤中的，电缆向土壤散热，而空气热阻明显小于土壤热阻。因此，同等情况下，隧道敷设电缆输送容量大于直埋和排管敷设。

（2）电力电缆隧道可节约土地资源。现在，城市中的土地资源不只局限于地上土地资源，地下土地资源也越来越宝贵。电力电缆隧道在一个相对不大的空间内，可以同时布置十几回电缆线路，而且可为今后发展预留空间，避免重复建设。相比之下，直埋敷设往往需要重复开挖路面，容易受外力破坏；排管敷设则受输送容量要求限制，在同一排管内不能敷设过多回路电缆。

同时，由于内部空间大，潜在火源多，电力电缆隧道还存在以下几方面的缺点。

（1）隧道内电缆发生火灾时烟雾大、温度高，由于电缆绝缘材料均为橡胶或塑料制造，燃烧使含氧量降低，可能造成人员伤亡，并且火灾容易沿电缆隧道蔓延，给灭火造成困难。

（2）电缆隧道出人口少，使消防人员不能及时到达着火部位灭火，给扑救火灾带来困难，另外，隧道两壁敷设电缆，中间通道狭窄，会给灭火人员带来不便。

（3）高压电缆密集布置在电缆隧道内，发生火灾如不切断所有电缆电源，消防人员有触电危险。

（4）电缆隧道内电缆线路集中布置，一旦发生火情，影响范围广，容易造成大面积停电。尤其是敷设有多回 220kV 及以上电缆的隧道，发生火灾时甚至可能危及整个电网的安全稳定运行。

二、电缆隧道及综合管廊电力舱的火灾特点及原因

从 2013 年开始，国家出台了国发〔2013〕36 号《国务院关于加强城市基础设施建设

的意见》、国办发〔2015〕61 号《国务院办公厅关于推进城市地下综合管廊建设的指导意见》一系列政策和法规，要求稳步推进城市地下综合管廊的建设。而综合管廊集中敷设电力电缆线路的电力舱也面临与电缆隧道类似的问题。

电缆隧道及综合管廊电力舱火灾原因根据火源的不同可以分为以下几种：隧道电缆接地或相间短路引起的火灾；电缆隧道附属设施（如照明系统、通风设施电源等）电气故障引起的火灾；隧道电缆接头故障引起的火灾；电缆制造缺陷及设计施工违规引发的火灾或因各种保护装置调节不当失灵引发的火灾；隧道施工等采用明火引起的火灾。

1. 电缆隧道及综合管廊电力舱火灾具有以下特点

（1）起火迅速，火势猛烈，不易控制。电缆隧道及综合管廊电力舱中电缆密集且数量巨大，一旦某根电缆起火，会很快波及相邻电缆，造成电缆的成束延燃，并引起短路造成火灾快速蔓延，火势猛烈，难以控制。

（2）高温有毒烟雾积聚，严重威胁人员生命安全。由于隧道或管廊是地下建筑物，隧道内横截面窄而狭长，电缆燃烧时，会产生大量的有毒热浓烟（主要是氯化氢气体），并使隧道中温度普遍升高，强烈的剧毒烟雾、燃烧气化的金属粉尘会给火灾救援人员造成严重的伤害。

（3）抢险救援十分困难，损失严重。隧道或管廊空间狭小，能见度差，火灾时烟雾弥漫，很难发现着火点，扑救困难，火灾危害性和破坏性大；且火灾后恢复运行时间长，难度大，造成企业大面积停产，损失惨重。

电缆隧道及综合管廊作为城市及工业企业电力、通信控制电缆的输送通道，连接着各处的用电设备，是工业火灾防控中的重中之重。大量的电缆隧道火灾表明，一旦电缆隧道引发火灾，如果不能及早发现并采取措施，使大火蔓延到控制室等，不仅经济损失巨大，甚至会导致全厂停产，对社会造成严重后果。因此，预防和控制电缆隧道及综合管廊电力舱火灾的发生意义重大。

2. 城市电缆隧道火灾的主要原因

引起隧道内火灾的原因可分为两类。

（1）由于外界火源引起的火灾，外部火源（热源）引燃，如电气设备起火引燃、电焊气割高温熔渣落在电缆上、安装维修电缆违章动火、电厂锅炉制粉防爆门爆破、燃油系统故障、受附近高温管道过热影响、其他火源（热源）及蓄意纵火等。

（2）由于电缆本体故障引起的火灾事故，这类事故发生的可能性比较大，其中电缆接头故障导致的故障最多，据统计占电缆事故总量的 70%，其原因主要是：

1）电缆中间接头制作工艺粗糙，制作质量不良，压接头不紧，接触电阻过大，电缆绝缘或缆芯受潮等，在长期运行过程中电缆中间接头的温度升高，直到过热烧穿绝缘，最终导致电缆接头爆炸产生电弧，引起火灾。

2）在电缆中间接头压接管处存在导体电阻和接触电阻，当电流通过电缆中间接头时要消耗能量而发热。正常情况下接触电阻很小，电阻引起的温升在正常范围内，当电缆中间接头压接管处接触不良时其接触电阻增大（如：压接不紧、缆芯受潮氧化等），从而引起中间接头发热，温度升高，当温度升高超过正常值时又会引起电缆缆芯的氧化及压接处松动，这样恶性循环最终导致电缆绝缘被破坏而引起电缆接头爆炸。为了防止电缆接头发生爆炸，爆炸后产生电弧引起火灾并损伤其他电缆，因此必须在隧道内安装电缆接头温度监测、自动灭火系统，电缆接头安装防爆盒，从而能及早地发现电缆中间接头存在的问题，使维修人员能及时处理，从而防止事故的发生，即使故障发生了，也可以将损失降到最小。

3）电缆接头故障点的温度是由低到高慢慢变化的，也就是说故障点不会突变。根据分析，如果在电缆中间接头处安装了光纤测温系统，就能及时准确地监测到电缆运行温度参数，当电缆温度发生异常时，就能及时发现故障隐患并及时对其进行处理。

4）如果电缆中间接头安装了防爆盒及自动灭火系统，那么当电缆发生爆炸时，就不会因电缆中间接头爆炸而伤及其他电缆，同时自动灭火系统就会自动启用，控制火焰蔓延，使故障不会进一步扩大，把损失降到最低。

5）电缆中间接头是一种易爆物，而隧道内电缆密集，多层电缆或电缆交叉叠放，发生火灾时电缆会形成立体燃烧，再加上电缆竖井的高差形成自然抽风，使隧道内产生气流，加之燃烧时释放的热量不易散发，隧道内温度骤升，因此隧道内一旦着火，火势发展的特别迅猛，火势会很快延燃扩大。电缆着火时还会产生大量的烟雾和有毒气体，加上隧道内地方狭小，大量烟气难以排出，消防人员难以投入灭火工作，使火势不能控制在小范围内，抢修人员不能即时进入隧道内抢修，延长停电时间，电缆火灾事故所造成的损失是非常严重的。同时电缆火灾还具有特殊的危险性，那就是如果二次控制回路失灵，极易造成事故的扩大，如电网主设备损坏，越级跳闸等，使得设备难以修复或造成大面积的停电的重大事故。

其他原因还包括接地故障电流引起火灾。长期超负荷运行、受潮和受热等，绝缘层会被损坏，发生短路等引起电缆火灾。

电缆在着火后具有蔓延快、火势猛、灭火难、抢修难、损失严重的特点，所以必须引起高度重视。

要使电缆隧道能够长期、安全、有效地工作，必须要根据其特点，采取合理的措施防止火灾的发生，做到防患于未然。

三、相关规程要求

1.《电力电缆隧道设计规程》（DL/T 5484）对电力电缆隧道的防火要求

（1）隧道消防。

1）电缆隧道消防设计应采取"预防为主、防消结合"的原则。

2）当采用阻燃电缆时，电缆隧道的火灾危险性类别为戊类，最低耐火等级为二级；当采用一般电缆时，电缆隧道的火灾危险性类别为丙类，最低耐火等级为二级。

3）电缆隧道内按工程的重要性、火灾概率及其特点和经济合理等因素，宜采用下列一种或多种安全措施：

a. 实施防火构造；

b. 对电缆通道和电缆本身实施阻燃防护和防止延燃；

c. 设置消防器材；

d. 设置火灾自动监控报警系统。

4）电缆贯穿隔墙、竖井的孔洞处、电缆引至控制设施处等均应实施具有足够机械强度的防火封堵。防火封堵材料应密实无气孔，封堵材料厚度不应小于100mm。

5）弱电、控制电缆等低压电缆及光缆应与电缆隧道内其他设施分隔，可采用耐火槽盒或穿管敷设。耐火槽盒接缝处和两端应用防火封堵材料或防火包带密封。耐火槽盒应同时确定电缆载流能力或相关参数。

6）采用的防火阻燃材料、产品应适用于电缆隧道工程环境，并具有耐久可靠性。

7）电缆隧道内电缆的阻燃防护和防止延燃措施应同时符合《电力工程电缆设计规范》（GB 50217）的相关规定。

8）在电缆隧道的进出口处、接头区和每个防火分区内，均宜设置灭火器、黄砂箱等消防器材。

9）电缆隧道中可设置火灾监控报警系统。

10）火灾监控报警系统宜采用线型感温探测器。探测器应具有联动报警功能，火灾时可联动主机，及时把信息发至值班室，联动关闭风机。

11）火灾监控报警系统的电源回路应选用耐火电缆。

12）有特殊需要时，可在电缆隧道各井腔内设置电话线插座。

（2）火灾自动报警系统设计规范。

1）隧道外的电缆接头、端子等发热部位应设置测温式电气火灾监控探测器、探测器的设置应符合《火灾自动报警系统设计规范》（GB 50116）第9章的有关规定；除隧道内所有电缆的燃烧性能均为A级外，隧道内应沿电缆设置线型感温火灾探测器。且在电缆接头、端子等发热部位应保证有效探测长度；隧道内设置的线型感温火灾探测器可接入电气火灾监控器。

2）无外部火源进入的电缆隧道应在电缆层上表面设置线型感温火灾探测器；有外部火源进入可能的电缆隧道在电缆层上表面和隧道顶部，均应设置线型感温火灾探测器。

3）线型感温火灾探测器采用"S"形布置或有外部火源进入可能的电缆隧道内，应采用能响应火焰规模不大于100mm的线型感温火灾探测器。

4）线型感温火灾探测器应采用接触式的敷设方式对隧道内的所有的动力电缆进行探测；缆式线型感温火灾探测器应采用"S"形布置在每层电缆的上表面。线型光纤感温火灾探测器应采用一根感温光缆保护一根动力电缆的方式，并应沿动力电缆敷设。

5）分布式线型光纤感温火灾探测器在电缆接头、端子等发热部位敷设时，其感温光缆的延展长度不应少于探测单元长度的1.5倍；线型光栅光纤感温火灾探测器在电缆接头、端子等发热部位应设置感温光栅。

6）其他隧道内设置动力电缆时，除隧道顶部可不设置线型感温火灾探测器外，探测器设置均应符合本规范的规定。

2.《城市综合管廊工程技术规范》（GB 50838）中对电力电缆和消防的相关要求

（1）电力电缆。

1）电力电缆应采用阻燃电缆或不燃电缆。

2）应对综合管廊内的电力电缆设置电气火灾监控系统。在电缆接头处应设置自动灭火装置。

3）电力电缆敷设安装应按支架形式设计，并应符合《电力工程电缆设计规范》（GB 50217）和《交流电气装置的接地设计规范》（GB/T 50065）的有关规定。

（2）消防系统。

1）含有下列管线的综合管廊舱室火灾危险性分类应符合表7-6的规定。

表 7－6 综合管廊舱室火灾危险性分类

舱室内容纳管线种类		舱室火灾危险性类别
天然气管道		甲
阻燃电力电缆		丙
通信线缆		丙
热力管道		丙
污水管道		丁
雨水管道、给水管道、再生水管道	塑料管等难燃管材	丁
	钢管、球墨铸铁管等不燃管材	戊

2）当舱室内含有两类及以上管线时，舱室火灾危险性类别应按火灾危险性较大的管线确定。

3）综合管廊主结构体应为耐火极限不低于 3h 的不燃性结构。

4）综合管廊内不同舱室之间应采用耐火极限不低于 3h 的不燃性结构进行分隔。

5）除嵌缝材料外，综合管廊内装修材料应采用不燃材料。

6）天然气管道舱及容纳电力电缆的舱室应每隔 200m 采用耐火极限不低于 3.0h 的不燃性墙体进行防火分隔。防火分隔处的门应采用甲级防火门，管线穿越防火隔断部位应采用阻火包等防火封堵措施进行严密封堵。

7）综合管廊交叉口及各舱室交叉部位应采用耐火极限不低于 3.0h 的不燃性墙体进行防火分隔，当有人员通行需求时，防火分隔处的门应采用甲级防火门，管线穿越防火隔断部位应采用阻火包等防火封堵措施进行严密封堵。

8）综合管廊内应在沿线、人员出入口、逃生口等处设置灭火器材，灭火器材的设置间距不应大于 50m，灭火器的配置应符合《建筑灭火器配置设计规范》（GB 50140）的有关规定。

9）干线综合管廊中容纳电力电缆的舱室，支线综合管廊中容纳 6 根及以上电力电缆的舱室应设置自动灭火系统；其他容纳电力电缆的舱室宜设置自动灭火系统。

10）综合管廊内的电缆防火与阻燃应符合《电力工程电缆设计规范》（GB 50217）和《电力电缆隧道设计规程》（DL/T 5484）、《阻燃及耐火电缆塑料绝缘阻燃及耐火电缆分级和要求 第 1 部分：阻燃电缆》（GA 306.1）和《阻燃及耐火电缆塑料绝缘阻燃及耐火电缆分级和要求 第 2 部分：耐火电缆》（GA 306.2）的有关规定。

3. 电缆火灾的发展过程

在电缆火灾发生前，一般均有电缆绝缘逐步受损的过程，其显著特征为故障隐患部位的运行温度渐渐高于完好电缆段，且存在逐步加剧的过程，其过程可能达到 3～10 天（例如：山西企业 2008 年 12 月 30 日发现 6929 回路电缆一点明显高于其他位置约 5℃，经过一周的观测，至 2009 年 1 月 6 日温差发展到 125℃，经及时处理消除了隐患）。当故障隐患部位的绝缘恶化到一定程度后，电缆将处于阴燃状态，此时可嗅到焦糊味，若不及时处理，很快将发展到冒烟、熏燃状态，电缆开始燃烧。其中，危害较大、发生几率较高的为电缆隧道的中间接头故障引起的火灾。

电缆开始燃烧后，首先是故障电缆的局部燃烧，烟开始大量冒出，特别是对于电缆单相绝缘破损由接地电流引起的电缆火灾，短时间内不会启动保护装置切断电源，电缆火灾在持续电流的热效应、甚至弧光作用下，着火部位将迅速蔓延，形成沿成束电缆燃烧并引燃周围的其他电缆。此时，火灾中心将产生高达 1000℃ 以上的高温，因一般橡胶、塑料电缆的燃烧点均不高于 500℃，因此，此时即使切断着火电缆的电源，也将无法控制火情，隧道火灾将不可避免地不断蔓延、扩大，直至将着火区段内的可燃物全部烧毁才会逐渐衰减熄灭。

电缆隧道火灾可以分为四个发展阶段：

（1）前期阶段。电缆处于阴燃阶段，可嗅到焦煳味，有冒烟现象。

（2）早期阶段。电缆局部燃烧，烟开始大量冒出，电缆处于熏燃状态。

（3）中期阶段。伴随大量浓烟，成束电缆出现明火，电缆隧道内温度急剧上升，能见度明显下降，火灾沿成束电缆向四周迅速蔓延。

（4）晚期阶段。火灾沿成束电缆燃烧，电缆隧道中火焰温度高达 1000～1100℃，电缆群体处于轰燃阶段。此时，隧道内电缆基本烧光，铝、铜等熔体流淌，电缆支架扭曲变形，火灾逐渐衰减熄灭。

根据以上的阶段分析，如能在早期阶段及时发现火灾并扑灭，则可以使损失减小到最低程度。

4. 电缆隧道内防火措施

（1）防火隔断。在电缆隧道、电缆沟和电缆竖井内，按技术规范要求的位置和距离设置防火间隔，尽可能缩小事故范围，减小经济损失。电缆隧道位于电厂、变电站内时，防火间隔要求低于 100m；电缆隧道位于电厂、变电站外时，防火间隔要求低于 200m。较长的电缆隧道应每隔 500m 设置一个防火间隔，防火间隔的耐火极限不超过 4h，防火墙上的门为甲级防火门。电缆运行时需要通风散热，因此不可将防火门长期关闭，只有在发生火灾时才自动关闭密封。

（2）设防火门。将隧道划分成若干个区域，由于安装、维护的需要，各个区域要相互联系，在每个区域的交接处要设置防火门。防火门应采用甲级防火门，保证其耐火极限达到 1.2h，目前防火门体系最好采用重锤闭门装置，该装置可确保在电动闭门器脱钩或牵门尼龙绳燃断后，防火门仍能可靠关闭。同时，防火门体系通过与电缆区域温度报警系统的联动或人工控制可实现远距离遥控电缆隧道防火门的自动关闭。一旦电缆火情出现必然会带来电缆的温度上升，当达到一定危险阈值时通过电缆温度报警系统的监测，可迅速地联动本系统实现防火门的遥控闭合，给灭火工作提供充足的早期补救时间，可有效地避免火灾危害的发生。

（3）设防火墙。电缆隧道内宜每隔 100m 左右划分防火隔断，设置防火隔墙。防火隔墙应采用 2 种类型的阻火包（防水型、标准型）、可塑性防火堵料及防火板覆盖的综合防火封堵施工工艺。该方案可从多方面保证一旦电缆失火后有效地防止火势及烟雾的蔓延扩散。防水型阻火包主要用于铺添隔墙与地面接触部位，用于防止过渡潮湿后的损伤。标准型阻火包，其特点是遇火膨胀迅速、相互黏结，且单位体积容量轻、无毒无刺激，方便扩容和进行电缆维护，不会带来纤维物等刺激物质的损害。可塑性堵料主要用于塞添电缆之间及周边的空间，可保证封堵严密，不透火及烟气。当电缆较密集时，这一工艺可确保防火封堵效果，满足隔火耐热时间达到 3h。

在隔墙的端面，可加装防火板，这种工艺会起到强化防火时效，提高防火等级的作用。因此，可确保整个隔墙的封堵充实、严密，可满足 3h 以上的阻燃效果。

防火隔墙与防火门间的防火隔板采用经中层灌注钢网强化处理的防火板，不仅保证耐燃性能，亦保证了其支撑、固定的良好性能。

（4）对电缆孔、洞进行封堵。电缆隧道内发生火灾，有相当比例是因为隧道外火情蔓延造成的，因此电缆与外部设备连接处的防火处理非常重要。防火封堵是一种理想的电缆贯穿孔洞和防火墙的封堵材料，能够有效地阻止电缆火焰窜延孔洞向邻室蔓延。防火封堵主要分为防火包和防火堵料。在电缆隧道中电缆穿越隔墙以及隔板间，均采用防火封堵措施。

对于进出控制室、电缆夹层、控制柜及仪表室、保护盘等处的电缆孔洞、竖井，电缆穿越楼板和隔墙的孔洞和进入油区的电缆入口处必须用防火堵料严密封堵。发电厂的电缆沿一定长度可涂耐火涂料或其他阻燃物质。靠近充油设备的电缆隧道，应设有防火延燃措施，盖板应封堵。涂料、堵料必须经国家技术监督局鉴定合格，并由公安部门颁发生产许可证的工厂生产，其产品应是适用于电缆的不燃或难燃材料，并符合规定的耐火时间。

在进行防火封堵时，要必须保证防火封堵的严密性，特别是电缆多的地方，最好用软堵料封堵；同时要必须保证防火材料封堵的厚度，其厚度应与所封堵面电缆根数成比例，即电缆根数越多，封堵应该越厚；还要必须保证防火封堵有足够的机械强度，有一定的抗冲击力。维护检查时，应及时将破坏的地方封堵还原。

（5）防火包带和防火涂料。用于局部防火要求较高的地方，达到较低费用取得较好的防火效果。由于目前电缆隧道中较多为大截面的电力电缆，在热胀缩影响下可能位移较大，导致涂膜刮损而不宜使用防火涂料；对于垂直敷设以及工井内充油电缆接头盒两侧，考虑防火涂料难以完全涂匀而且耗费工时较多，而包带的优点是施工方便、易于检验其施工质量，且材质决定了包带比涂料的耐低温性能好，适用于严寒地区使用。此外，由于具有一定的机械强度，缠包于电缆上就兼有机械保护之效能，故目前部分地区电力电缆隧道中，电缆主要以包扎防火包带为主。

在隧道敷设的电缆上涂刷防火涂料，具体要求为：在每个防火门或防火隔段两端 6m 区域全部电缆涂刷防火涂料，在每个电缆中间头（或存在着火隐患的部位）两端 6m 区域全部电缆涂刷防火涂料，在电缆敷设密集区域所有电缆应全部涂刷防火涂料，电缆夹层的电缆应全部涂刷防火涂料。

（6）防火槽盒。在防火槽盒内敷设电缆，借助于防火槽盒的结构可以防止外部火灾影响。由于槽内密闭，缺乏外界的氧气补充，可以抑制电缆着火蔓延，达到电缆被阻熄的效果。防火槽盒价格昂贵，存在一定的弊端：① 使用时对电缆载流量的影响巨大，根据《高压电缆线路》，使用槽盒的电缆，其最大电流可能降低 20%～30%；② 电缆隧道内往往集中了多回电缆线路，随着用电负荷的提高，需要逐步扩容。防火槽盒的设置，将大大增加后期电缆敷设的难度。目前，光缆、弱电电缆及控制电缆大多采用槽盒敷设，而电力电缆一般要求经过技术经济分析后，再确定是否使用。

（7）选用阻燃或者耐火电缆。阻燃电缆主要特点就是电缆外护套燃点高，当电缆着火后在一定的时间内保护电缆主绝缘不受损坏，延长电缆供电时间和缩短电缆着火范围，但阻燃电缆只能起到阻止燃烧的作用，只能作为一种电缆防火的辅助措施。一般阻燃型电缆具有低烟、低毒性，较适合用于有人巡视的场合。

耐火型电缆可在规定温度和时间内，保持回路的通电状态，较适用于重要回路。对于城市电力电缆隧道工程基本上应采用阻燃型电缆，同时在重要回路中选用耐火型电缆。

（8）创造良好的运行环境。城市电力电缆隧道应有良好的排水设施，如设置排水浅沟、集水井，并能有效排水，设置自动启、停抽水装置，防止积水，保持内部干燥。电缆隧道的纵向排水坡度值不宜小于 1%～2%，至少应大于 0.5%，防止水、腐蚀性液体或可燃性液体进入。电缆隧道内电缆运行散发热量，若不通风会使隧道内温度升高，电缆载流量降低，造成能源的耗费。维修人员需要定期检修，隧道内的温度不能太高，隧道内的空气质量必须保证新鲜。因此，电缆隧道内必须有送排风设施。电缆隧道应划分成若干段独立的通风系统，通风分区的长短还要受噪声和风速的限制。

电缆隧道内的通风消防与一般的民用建筑的消防截然相反，当隧道内发生火灾时，通风立即停止，所有风机前的防火排烟阀要立即关闭，使隧道内的着火分区缺氧而熄灭火灾，减少其他分区电缆的损失。火灾熄灭后，才能重新打开防火阀启动风机。电缆隧道不得作为通风系统的进风道。避免电缆防火门处于常闭状态，不能用防火隔板将电缆完全封闭，以免影响电缆通风和散热。另外，要有完善的防鼠、蛇窜入的设施，防止小动物破坏电缆绝缘引发事故。城市电力电缆隧道工程应从防水、排水、通风等各个方面综合考虑防火措施，为隧道创造良好的运行环境。在设计上应把握住电缆隧道的特点，合理、安全、经济地进行防火设计。

（9）通风。电缆隧道内电缆运行散发热量，若不通风会使隧道内温度升高，电缆载流量降低，造成能源的耗费。维修人员需要定期检修，隧道内的温度不能太高，隧道内的空气质量必须保证新鲜。因此，电缆隧道内必须有送排风设施。电缆隧道应划分成若干段独立的通风系统，一般来说，通风分区不应跨越防火分区。通风分区的长短还要受噪声和风速的限制。电缆隧道内的通风消防与一般的民用建筑的消防截然相反，当隧道内发生火灾时，通风立即停止，所有风机前的防火排烟阀要立即关闭，使隧道内的着火分区缺氧而熄灭火灾，减少其他分区电缆的损失。火灾熄灭后，才能重新打开防火阀启动风机。

（10）加强对电缆头制作质量的管理和运行监控。据统计，因电缆头故障而导致的电缆火灾、爆炸事故占电缆内因事故总量的 70% 左右，所以，必须严格控制电缆头制作材料和工艺质量。要求所制作的电缆头的使用寿命，不能低于电缆的使用寿命；接头的额定电压等级及其绝缘水平，不得低于所连接电缆的额定电压等级及其绝缘水平；绝缘头两侧绝缘垫间的耐压值，不得低于电缆护层绝缘水平的 2 倍。接头形式应与所设置环境条件相适应，且不影响电缆的流通能力。电缆头两侧 2～3m 的范围内，应采用防火包带作阻火延烧处理。

一般来说，电缆头是电缆绝缘的薄弱环节，所以，加强对电缆头的监视和管理是电缆防火的重要环节。终端电缆头不能放在电缆沟、电缆隧道、电缆槽盒、电缆夹层内，否则，必须登记造册，并使用多种监测设备进行监测。发现电缆头有不正常温升或有气味、烟雾时，及时退出运行，避免电缆头在运行中着火。各中间电缆头之间应保证足够的安全长度，两个以上的电缆头不得放在同一位置，电缆头同其他电缆之间应采取严密的封堵措施。在中间电缆头两端各 6m 的区域所有电缆涂刷防火涂料，并加设一个火灾探测装置；在每个电缆终端头的位置，设置手提式干粉灭火器。

5. 电缆隧道的灭火措施

（1）灭火设备。目前，在隧道内大多配置手提式灭火器，每隔一定距离放一个防火器箱，内设磷酸铵盐干粉灭火器（MF/ABC4）若干。干粉灭火装置将传统灭火系统的灭火剂存储、释放、自动感应温度启动等功能集于一体，安装简单、调整方便、灭火针对性强。干粉灭火装置免维护时间长，只需每年对装置进行例行巡检即可，可减少日常的维护费用投资。目前，在一些重要变电站已经安装水喷雾系统、水喷淋灭火系统、细水雾灭火系统和气体灭火系统。由于工程造价较高，电缆隧道还没有使用。

（2）火灾自动报警系统。在电缆隧道内设置火灾自动报警系统是非常必要的，由于隧道电缆形成火灾的发展速度相对比较缓慢，时间较长，完全可以通过火灾自动报警系统及时发现隐患，防止火灾发生。

城市电力电缆隧道的火灾报警装置一般采用的是分布式光纤电缆测温系统，它不仅具有火灾报警的功能，而且能够和其他防火措施形成联动系统。它是将感温光缆随电缆同步平行敷设，感温光缆将被测物体各个位置的温度信号以光波的形式回传，最终被提取并显示出来。当感温光缆检测到电缆温度较高时，会自动启动排风扇进行通风散热；当检测到火灾信号时，系统会控制本区域两端防火门的开关和排风扇的关闭。同时为了对整个隧道环境的监测，除监测温度外，还需对可燃气体以及积水水位予以监测。因此，需在集水井安装水位传感器，当积水达到一定水位时自动启动排水泵排出积水；还需在隧道中安装可燃气体传感器，对隧道内可燃气体进行探测，并及时报警和自动启动排风系统。这样就可以从温度、水位、有害气体三方面达到对电缆隧道全方位的监控。完全符合预防为主，防消结合的消防工作指导方针。

（3）电缆隧道火灾灭火系统。传统的电缆隧道火灾保护系统主要有气体灭火系统、热气溶胶灭火系统和超细干粉灭火系统等，这些灭火系统在电缆隧道中应用时都存在缺点。

气体灭火系统主要有三氟甲烷（HFC-23）、七氟丙烷（HFC-227）和二氧化碳灭火系统等。HFC-227 和 HFC-23 灭火系统的缺点是成本较高、有腐蚀性，有一定的毒性，灭火后排烟困难，气体储罐占地面积较大。二氧化碳灭火系统价格低廉，但灭火时气体使用量大，抗复燃性能差，并且其最低设计浓度高于对人体的致死浓度。

热气溶胶是一种烟雾灭火剂，其缺点主要是抗复燃性和安全性差、灭火残留物有腐蚀性且很难清除，近年来国内很多行业禁止使用热气溶胶进行灭火保护。超细干粉灭火系统的主要缺点是释放过程中会对人员造成伤害，灭火过后清理困难。

目前，应用于电缆隧道的灭火系统主要有水喷雾灭火系统、细水雾灭火系统和超细干粉灭火系统。

1）水喷雾灭火系统。水喷雾灭火系统是利用水雾喷头在一定水压下将水流分解成细小水雾进行灭火的系统。该系统由水雾喷头、管网、控制阀、过滤器和报警器组成。

火灾发生时，感温或感烟探测系统首先探得火情，在向值班人员发出警报的同时能够自动启动系统灭火。该系统具有灭火速度快、不复燃、可靠性高等优点，同时具有良好的可持续灭火能力，灭火后需要排放一定量的水。

2）细水雾灭火系统。细水雾灭火系统是在一定压力条件下，利用细水雾喷头将水雾化成细小雾滴进行灭火或冷却防护的灭火系统。细水雾灭火技术以其无环境污染（不会损耗臭氧层或产生温室效应）、对人无害、灭火迅速、耗水量低、电绝缘性能好、对防护对象破坏性小等特点较适合在电缆隧道中使用。细水雾灭火系统主要依靠高压喷嘴喷射出的细水雾吸热降低火焰区温度，同时排除空气使燃烧区的氧气浓度降低，达到火焰窒息的效果。与水喷雾灭火系统相比，细水雾灭火系统的水雾滴粒径更小、灭火效能更好，且灭火后不会产生大量水，对环境无污染。细水雾灭火系统的工作压力往往都在 1.0MPa 以上，需设置单独的泵组（瓶组）加压或增大消防主泵扬程，系统对水质和管材均有特殊要求，这些使得细水雾灭火系统工程造价较其他灭火系统明显偏高，给大范围的推广带来一定难度。根据不同的灭火要求，可设置湿式、干式和预作用细水雾灭火系统。

3）超细干粉灭火系统。超细干粉灭火系统是利用超细干粉对有焰燃烧的强抑制作用、对表面燃烧的强窒息作用、对热辐射的遮隔和冷却作用灭火，属于无管网灭火系统。超细干粉灭火剂单位容积灭火效率是哈龙灭火剂的 2~3 倍，是普通干粉灭火剂的 6~10 倍，是七氟丙烷灭火剂的 10 倍以上，是二氧化碳的 15 倍。该灭火剂对大气臭氧层无破坏，对保护物无腐蚀，对人体无刺激，具有灭火效能高、不复燃、灭火后清理方便等优点。该系统主要用于扑救初期火灾，按应用形式可分为全淹没灭火和局部应用灭火。全淹没灭火适用于扑救封闭空间内的火灾；局部应用灭火适用于扑救不需封闭空间条件下的具体被保护对象。灭火装置具有感温元件启动、手动应急启动及系统联动控制启动等多种启动方式。

a. 感温元件启动。当电缆隧道发生火情，但由于电源发生故障或自动探测系统、控制系统失灵不能执行灭火指令时，超细干粉灭火装置自带有感温元件，当灭火装置顶部集热区温度达到 70℃左右时，可感温自动启动，实施灭火。

b. 手动应急启动。当电缆隧道发生火情，若隧道内有人工作或值班时，值班人员可按下灭火装置启动按钮，通过电引发器启动灭火系统，实施灭火。

c. 系统联动控制启动。在隧道每个防护分区内均设 2 路独立探测回路，当第一路探测器（烟感/温感）发出火灾信号时，火灾报警控制器发出警报，指示火灾发生的部位，提醒工作人员注意；当第二路探测器亦发出火灾信号后，火灾报警控制器传输火灾信号给灭火控制盘，开始进入延时阶段（0~30s），此阶段用于疏散人员，同时发出联动指令，关闭防火卷帘门及保护区内除应急照明外的所有电源；自动延时后向控制火灾区的灭火装置发出灭火指令，放气指示灯显示喷粉，人员禁止入内。在延迟时间内若发现不需要启动灭火系统，可按下灭火控制面板上紧急停止按钮，即可阻止灭火指令的发出，停止系统灭火程序。

安装了超细干粉自动灭火装置及自动防火门，实现了发生火灾时，将火灾发生区域实现自动关闭，启动脉冲干粉灭火装置进行灭火，防止火灾蔓延，真正起到防火功效。而且能够提前在事故前发出预警信息，起到实时对电缆隧道内环境状态监测的效果，减少或杜绝电缆着火的重大隐患，避免造成重大的经济损失。

表 7-7 为三种灭火系统效能的综合比较，应结合现场具体情况，选择合适的灭火系统。

表 7-7　　　　　　　　电缆隧道灭火系统技术经济比较

系统名称	水喷雾	细水雾	超细干粉
灭火效能	好	非常好	非常好
电气绝缘性能	一般	非常好	非常好
降温效能	好	很好	较差
除烟效能	一般	很好	差

灭火时间	1440s	1800s	1～2s
系统布置	需设置管道系统和排水系统，管道直径较大，难安装	需设置管道系统和加压泵组（瓶组），设备布置困难	只需布置灭火装置及连接导线
喷放后处理	排水量较大，需对电缆长时间通风干燥	排水量较小，需对电缆通风干燥	简单清理粉末
工程造价	约23万元	约48万元	约25万元

第五节 电力机房的防火措施及要求

一、电力机房防火措施的重要性

电力机房在电力系统有着很重要的地位。在电力调度中心有多个机房，包括电力调度自动化机房、信息中心机房、调度自动化机房、电能量计费系统机房、电力通信机房等、机房设备安装位置集中，面向该区域电网，服务于整个区域电力系统。设备一旦停止运行，该区域电网将失去和其他电网的联系和对该区域各电厂的调度能力，对该区域电网的安全运行将造成极大的危害。信息数据的丢失也将给电网信息的管理带来不可弥补的损失。因此机房运行必须安全、可靠。

消防系统是机房必不可少的一个保障，电力机房设备复杂繁多，是资产密集之地，必须保证电子设备正常运转。机房一旦发生火灾，将造成重大的损失和电力调度秩序的混乱。因此，机房的消防首先要"预防为主，防消结合"，把火灾的火源消灭在燃起之前。

二、电力机房的电气火灾原因分析

由于机房内电气设备多，线路复杂，大部分的火灾都是电气火灾，引发电气火灾的主要因素有：

（1）电气线路短路、过载、接触电阻过大等引发火灾事故。如1995广东汕头金砂邮电大楼的特大火灾，就是因电线老化、绝缘性能降低而短路引起的；2001海南省电信公司微波大楼火灾是因为电源接线端头接触电阻过大引起的。所以电气线路应满足电气安全和远期负荷发展的要求。

（2）静电产生火灾。通信设备的运行及工作人员所穿的衣服等都能产生静电。如果电信机房接地处理不当，产生的静电负荷不能很快导入大地而是越积越多，一旦形成高电位，就会发生静电导电现象，产生火花并引燃周围可燃物发生火灾。由此要根据对电源装置的技术要求和所处地区的条件，采取不同的措施，尽量安全可靠地设计接地电阻。

（3）雷击等强电侵入导致火灾。雷电放电时所产生的电效应，能产生高达10kV以上、甚至100kV以上的冲击电压，足以烧毁电力线路和设备，引发绝缘击穿，发生短路引发火灾。雷电放电时所产生的热效应、静电感应以及电磁感应都可能引发火灾。机房防雷的重点是防止感应雷入侵。感应雷是由雷闪电流产生的强大电磁场变化与导体感应出的过电压、过电流形成的雷击。《建筑物防雷设计规范》（GB 50057）有相应规定。

（4）电信机房内电脑、空调等用电设备长时间通电、设备故障引发火灾。由于电信机房的用电设备始终处于 24h 的工作状态，容易疲劳和老化，引发火灾。

（5）管理不当。由于对机房内设备及人员管理不善，如在机房内吸烟等都可能引发火灾。

三、电力机房的火灾特性

在电子计算机房、设备控制机房等电子机房内，各种电子设备如印刷电路板、继电器及电缆一般都放置在相对密闭的电子设备控制柜或者机箱内。Mnags 教授等人用热释放速率（Heat Release Rate，HRR）方法研究了单个电子设备控制柜火灾，发现与其他可燃物相比，电缆为主要危险源。

根据火焰增长时间的不同，可将火灾分为缓慢火灾蔓延、中等火灾蔓延、快速火灾蔓延、超快速火灾蔓延，Mnags 等人的实验结果表明，火灾蔓延时间为 950～2000s，因此可以认为电子设备控制柜火灾蔓延比较缓慢，燃烧完毕后其质量损失率为 22%～60%，主要依赖于电子设备控制柜内可燃物种类，此外，在实验过程中 CO、CO_2 及烟粒子的产生率也较高。

四、电力机房消防结构分析

机房的结构一般包括三层：地板下、天花板下至地板及天花板以上。一般机房的层高为 380～420cm，地板的高度为 30～35cm，天花板下至地板的高度为 260～290cm，天花板以上一般大于 80cm。机房的空调系统目前常用的有两种设计方式。

（1）中央空调控制方式。空调机房在机房的边上，空调采用下送风上回风，即空调机的出风口直接与机房地板下相连，机房地板下无风管，回风口通过风管与空调机相连，机房与外界有空气交换，空调机的进出口风管上安装有电控易熔防火阀。

（2）采用分体式空调，空调安装在机房内，采用上送风下回风，机房与外界无空气交换，空调管上也没有防火阀。

根据机房的结构及消防规范，在地板下、天花板下及天花板上都要设置火灾探测系统。探测器的选型可根据机房装修的材料在燃烧时特性而定，一般机房的起火因素主要是由电气过载或短路引起的，燃烧初期发出浓烟，温度上升相对较慢，如果等到天花板上的感温探测器发出报警信号，可能已是大火了，错过了灭火的最佳时间，所以在天花板下适宜安装 2 种不同灵敏度的感烟探测器作为启动灭火系统的条件，探测器设置的密度可按照每一路探测器中每一个探测器的探测面积而定，也就是一个感烟探测器的单位探测面积内设置 2 只不同灵敏度的探测器。

天花板顶内安装的设备较少，主要是电线管路，气体灭火管路及空调管路。火灾的起因主要是由日光灯或其他电气线路引起。由于基本是封闭的，人为发现火警时也比较慢，探测器的设置可以与天花板下的设置方法相同，但如果天花板上大梁的高度大于 80cm，则应在每个由大梁所分割的区域内设置 2 只感烟探测器。另外也可采用抽气式空气分析器，抽气式空气分析器其优点是可探测到电缆发热时散发在空气中的微量烟粒子，可以起到火灾的早期预报，安装方便。其缺点是目前系统的成本较高，与常规报警系统的接口需加模块过渡，火灾报警定位点不明确。

　　地板下有大量的信号电线与动力电缆，是火灾的多发部位，由于机房的空调送风的原因，地板下的风速较大，设置点型感烟探测器时，或者由于风速过大探测不到火警，或者由于有灰尘，引起误报；设置点型感温探测器时，由于空调的制冷作用，等感温探测器探测到火警时，可能已是大火了。目前较常用的是用感温缆线来作为地板下的火灾探测，感温缆线一般是跟着动力电缆的走向布置，但感温缆线的缺点是布置时要等到机房地板下的动力电缆布置好以后方可布置，给消防验收带来一定的影响，另外感温缆线容易损坏，如地板下需增加电线时，电线的拉动可能引起感温缆线的损坏。

五、电力机房的气体灭火系统的布设

　　气体灭火系统主要用在如电气、通信、控制类机房、图书馆、档案馆等不适宜用水灭火系统的场所中，该系统由贮存容器、容器阀、选择阀、液体单向阀、喷嘴和阀驱动装置等主要部件组成。该系统灭火剂主要有七氟丙烷、混合气体（N_2、Ar、CO_2）、二氧化碳等。

　　作为重要的机房，按照消防规范要求，需设置气体灭火系统。有人机房的气体灭火系统，选用的气体类型一般有1301，FM-200及烟烙尽。FM-200气体灭火药剂，化学名称是七氟丙烷，化学分子式为CF_3CHFCF_3，特点是不导电的、挥发性的或气态的灭火剂，在使用过程中不留残余物。同时，FM-200洁净气体灭火剂对环境无害，在自然中的存留期短，灭火效率高并无毒，适用于有工作人员常驻的保护区。

　　机房室内防护区主要要求：气体灭火系统防护区内最低温度大于5℃，空气流速小于3m/s，室内门窗耐火极限大于0.5h，门窗吊顶等设施的允许压强大于1.2kPa。

　　1. 火灾探测方式的选择与布设

　　机房火灾探测器一般采用吊顶安装点型定温和点型烟感探测器，先启动烟感报警，当有火光增温到一定温度才会启动喷出气体（要求控制系统接收到两个独立探测器送来的信号才会启动）。

　　在8m以下层高安装探测器时，每只探测器的保护面积小于20m²，结合探测器性能在机房顶上合理布设，如果机房顶上有梁高大于600mm应按要求增设安装探测器。探测器0.5m内不得有遮挡物，探测器距空调出风口水平距离大于1.5m，距墙壁、梁边的水平距离不小于0.5m。探测器宜水平向下安装，当倾斜安装时倾斜角不应大于45°。多只探测器应分组布线接到控制器，并采用不小于1.5mm²的多股软铜芯电线，所有缆线都应穿在金属管内布设。在机房内很多设备安装在机柜内，当设备因器件发热冒烟，烟雾较少时，在高处的点型烟感温探测器不易探测报警，因此选择探测器的灵敏度、等级和安装位置很重要。采用主动吸气管式探测器探测地板下、机柜内和吊顶上的初期烟雾，是发现隐藏部位报警的一种较好方式。

　　2. 控制器的选择与安装

　　控制器选用有生产认证许可证并检验合格的产品，并根据组建的机房数量及办公场所确定是否采用组合式控制平台。分前端每个机房一般采用独立的控制器，由输出信号端口传送给物业或总公司集中监管。通常输入探测报警与输出启动控制为两个箱体单元，分别供电并配置后备电池。控制器应具备自动和手动转换，紧急启动和紧急停止按钮，声光报警指示，设备运行故障指示和记录，对一次报警和二次报警延时启动有明显的声光强度区别。

箱式控制器一般安装在机房外墙或机房办公区的墙面上，底边距地高 1.3～1.5m，门轴距侧墙不小于 0.5m，正面操作距离不小于 1.2m。箱体上的紧急启动和停止按钮应有保护罩，不易被人为误操作。除控制箱上有紧急启停钮外，还应在机房进出门附近安装有外壳保护的紧急启停按钮。建议在机房内安装声光报警，提示机房内人员逃离或作相应的应急处理，这一点在有线电视机房空调噪声较大有工作死角的场所特别重要。

3．灭火气体与安装调试

机房气体灭火剂大多数都是选用七氟丙烷或混合气体，布设方式分有管网、无管网、全淹没和半淹没。分前端机房较小，一般采用无管网贮气瓶式全淹没灭火系统，气瓶的数量及重量根据机房结构大小和喷出时间按要求合理配置。有线电视分前端为有人进出机房，防护区内最大浓度不应超过 9.0V/V%。

安装气体瓶柜要合理分布，能有效喷出覆盖机房空间。瓶柜安装要牢固，喷咀正前方较近处不得有机柜物品遮挡，喷咀前的管线接头良好，有试压检测开关和指示表。

调试检测是最重要的环节，调试前需要断开启动电磁阀的连线。控制器工作在自动状态，先用烟试验每只控制器，查看控制器是否对应报警。再用火光温度试验是否二次报警启动声光警示，检测驱动电压是否在规定时间有电压。注意控制器应设置为收到两个探测器送来信号才会启动，防止设备故障误动作造成危害。

调试检测合格后应与使用方办好交接，接通控制驱动线路，检查解除气瓶口的保险后投入使用。机房气体消防系统常用为交钥匙工程，施工方请专家验收检测后，经常出现一些问题：未将控制线路接通；有的气瓶口的保险未拔出；运行使用时在有人长时间进入时未将自动转换为手动，给机房操作人员造成危害风险。

六、机房气体灭火系统使用及日常维护

平时要保证钢瓶压力、联动箱、执行盘正常工作，还要保证气体喷口不被堵塞。根据气体灭火的要求，还要保证气体灭火系统所需的其他辅助电气设备正常运行，如：气体紧急启动停止按钮、声光报警器及气体喷放指示灯。气体紧急启动停止按钮是人为操作气体灭火系统的启动及停止（通过灭火控制器电控实现），主要设置在灭火区域外墙上，一般是 1 个气体灭火区域 1 个。声光报警器是在气体灭火系统气体喷放前 30s 开始动作（2 路探测器来报警信号），一般在灭火区域内外各设置 1 个。主要是通知灭火区域内外的工作人员该区域在 30s 以后开始喷放气体。

其他报警系统的设备如手动报警按钮、消防警铃等，应按照消防规范设置，并保证其工作正常。

为灭火系统而设计的火灾报警系统，应该还需考虑到空调系统（包括灭火区域内的防火阀）、非消防电源及与大楼报警系统的连接等联动是否正常，空调系统与非消防电源的关闭，应在气体喷放前 30s 时动作，也就是报警控制器在接到 2 路报替信号后发出关闭空调机、灭火区域内的防火阀及非消防电源的信号。由于机房二次装演中所选用的报警设备需具有灭火控制功能，设备的型号、厂家不一定与大楼原有的报警设备相同，报警灭火控制器为便于操作，一般安装在现场，但机房作为大楼的一部分，从大楼管理的角度出发，在

机房发生 1 路报警，2 路报警及气体喷放 3 个阶段时其动作信号应在大楼消防控制室中反映出来，以便大楼的统一管理。

七、机房的其他防火安全设施

机房应设多个防火安全门，门向外开。有自动门禁门控的，应与消防报警系统实行联动。机柜安装后有合理的安全逃生通道，以便机房内的人员能在 30s 内逃出机房。目前多数机房采用全封闭式保障空调制冷及气体消防系统，建设中应设常闭式可开启的排气泄压门窗。机房内一般不设玻璃隔墙隔窗，如已设或需设玻璃门窗，应满足气体消防灭火系统的设计要求，保护区围护结构允许压强不小于 1200Pa。应根据不同种类不同厚度的玻璃，确定安装的门窗面积。对已建玻璃窗可以采用贴防火膜来提高耐火强度，新建机房要根据面积采用防火防爆玻璃。机房内其他设施也应安装牢固，能承受气体灭火时产生的压力。

机房灭火分区应将每一个房间划分为一个灭火分区，如机房与办公区用门或玻璃窗分开应设为不同的分区。机房内设气体灭火系统，办公区也应设报警探测系统。如有两个以上的机房房间，气体消防系统应分别控制运行。分区的各机房和办公区除了配备气体消防系统外，还应按要求配备二氧化碳手持灭火器。

八、灭火剂的选择

根据《电力机房设计规范》（GB 50174）的要求："电力机房内，手提灭火器的设置应符合现行国家标准 GB 50140 建筑灭火器配置设计规范的有关规定。灭火剂不应对电子信息设备造成污渍损害。"对灭火器提出了两点要求：① 要求设置手提灭火器，并应符合《建筑灭火器配置设计规范》（GB 50140）；② 对灭火器使用的灭火剂提出了要求，要求其不应造成污渍损害，在条文解释中，根据上述原因进一步明确，机房内不应使用干粉和泡沫灭火剂，而应使用气体灭火剂。

由于电子信息机房内多为信息设备机柜及强、弱电列头柜等设备，其火灾种类应为带电类固体物质火灾，即 E 类火灾，而场所内灭火器的配置和最大保护距离按 A 类（固体物质）火灾考虑。由于不能使用干粉和泡沫灭火剂，则机房内能选择的灭火剂为卤代烷灭火器或二氧化碳灭火器（但不得选用金属喇叭筒的灭火器）。设计中或可选用上述两种灭火剂以满足电子信息机房灭火要求，然而仔细分析这两种灭火剂又并不适宜。由于卤代烷灭火剂对大气臭氧层具有明显的破坏作用，在《建筑灭火器配置设计规范》中明确要求非必要场所应停止再配置卤代烷灭火器，而且卤代烷灭火器也不再生产，因此电子信息机房内并不应设置卤代烷灭火器，而应该选用其替代产品。而对于二氧化碳来说，其只能适用于带电的 B 类（液体或可熔化固体物质）火灾，而对于 A 类火灾并不适用，规范中给出的原因为：灭火器喷出的二氧化碳无液滴，全是气体，对 A 类火灾基本无效。因此针对带电的 A 类火灾，二氧化碳灭火器并不能实现灭火的要求。因此根据上述分析电子信息机房内的灭火器只能选择卤代烷灭火器的替代品。

目前用于过渡性或永久性替代卤代烷的气体、液化气体类候选替代物为洁净气体。所谓洁净气体指的是：非导电的气体或气化液体的灭火剂，这种灭火剂能蒸发，不留残余物；包括卤代烷烃类气体灭火剂、惰性气体灭火剂和混合气体灭火剂。洁净气体通常可分为氢溴氟代烷（HBFC）、氢氯氟代烷（HCFC）、氢氟代烷（HFC）、氯氟代烷（CFC）、全氟代烷（PFC）、氟碘代烷（FIC）和惰性气体（IG）。在国内洁净气体灭火器的产品中较为突出的有六氟丙烷（HFC 236fa）气体灭火器，其中浙江、江苏、陕西和广东等省的灭火器厂家都已经推出一些产品，但通过国家消防装备检测中心的型式检验的并不多。国内还有研究专门探讨了手提式六氟丙烷灭火器对 B 类火灾的灭火能力。因此在电子信息机房的设计中可以选用洁净气体作为灭火剂。其他可用手提灭火器。

除了手提式洁净气体灭火器可以实现机房内的灭火功能外，还有些别的灭火剂也能实现机房内的灭火功能。根据《电力机房的设计规范》，除 A 级电子信息机房外，其余级别机房也可以使用高压细水雾系统进行灭火，这意味着除 A 级机房外其他类别机房是可以使用高压细水雾作为灭火剂的，而手提式细水雾灭火器也是卤代烷灭火技术的替代选择。然而这种灭火器并没有洁净气体这样普遍，且其产品参数与灭火系统还没有明确的表述，短时间内可能难有合适的产品，但却是手提式洁净气体灭火器的重要补充。

九、高压细水雾灭火系统在电力机房中的应用

通常在设备控制机房、电子计算机房主要采用气体灭火系统进行火灾防护，例如七氟丙烷（FM200），但 FM200 在《京都议定书》中属于受限卤代烃类灭火技术。自《蒙特利尔公约》签订后，细水雾成为哈龙等温室气体灭火剂的主要替代品。

近年来我国细水雾产业也取得了迅猛发展，相关标准不断完善，并在 2013 年形成了国家标准《细水雾灭火系统技术规范》（GB 50898），该标准对更好地推动细水雾灭火技术的发展具有深远意义。细水雾灭火系统具有灭火效率高、耗水量小、对防护对象破坏性低且不产生环境污染的特点，用于高新技术领域的火灾控制，如设备控制机房、电子计算机房等场所，具有广阔的应用前景。

1. 电力机房灭火系统设计规范

针对电力机房火灾蔓延危险性大、可燃物众多等因素，《建筑设计防火规范》（GB 50016）第 8.5 条指出"国家电信局、大区中心、省中心和一万路以上的地区中心内的长途程控交换机房、控制室"、"主机房建筑面积大于等于 140m² 的电子计算机房内的主机房和基本工作间的已记录磁介质库"等区域应设置自动灭火系统。

《电力机房设计规范》（GB 50174）指出电力机房按照电子信息系统运行中断将造成经济损失的严重程度以及造成公共场所秩序混乱程度划分为 A、B、C 三级。如一般企业的电子信息系统的机房分级划分为 B 级，属于一旦系统运行中断造成较大的经济损失以及造成公共场所秩序混乱。规范第 13.1.2 条指出"A 级电力机房的主机房应设置洁净气体灭火系统。B 级电力机房的主机房以及 A 级和 B 级机房中的变配电、不间断电源系统和电池室宜设置洁净气体灭火系统，也可设置高压细水雾灭火系统"。"C 级电力机房以及规范第 13.1.2 和 13.1.3 条中规定区域以外的其他区域，可设置高压细水雾灭火系统或自动喷水灭火系统"。

从以上规范可知，电力机房内需设置自动灭火系统，B 级电力机房内可设置高压细水雾灭火系统。设置可靠、高效的自动灭火系统，对及时扑灭电力机房火灾、减少火灾损失，具有重要的意义。

2. 电气环境细水雾灭火可行性及有效性

一般电子设备机房的业主对于在机房内使用细水雾灭火技术，最担心的是水的使用会使没有受到火灾威胁的电子设备也会因为水渍而影响其正常运行。针对该问题，国内外的火灾研究机构利用粒径较小的细水雾在设备控制机房、电子计算机房等场所进行了灭火试验研究，探讨了细水雾在电气机房应用的可行性。

（1）Kidde—Fenwal/GTE/FSI 联合研究中心研究了高压细水雾对带电工作的程控交换机房的保护效果。试验结果表明：细水雾可以快速扑灭交换机内部火焰，交换机内非故障设备在灭火过程中及灭火后可正常工作。ABB Stromberg 研究中心开展了高压细水雾电气开关柜带电喷放细水雾试验。实验结果表明以自来水为水源时，9 次实验 8 次无破坏性放电，调整喷头位置并采用去离子水后进行失败工况的重复实验，均获得成功。国家检验中心开展了 GBX11 2&3 型弱电机房内高压细水雾的冷喷试验及现场设备工作性能实验。试验过程中，电脑处于带电工作状态，无燃料燃烧。在持续喷放高压细水雾 3min 和 6min 的过程中，电脑主机及显示器均工作正常，并能正常操作。

（2）中国科学技术大学火灾科学国家重点实验室也开展了高压细水雾灭火系统扑灭电脑机房火灾的实验。实验中，该细水雾灭火系统产生粒径 $<200\mu m$ 的雾滴。实验时，细水雾正对 CRT 电脑显示器喷射。实验开始后，点燃放置在显示器附近的油池，细水雾灭火系统动作。在灭火系统扑救初期，显示器完全被细水雾覆盖淹没，显示器能正常工作。当细水雾持续作用一段时间后（约 120s），显示器上图像发生晃动和偏移。240s 后，显示器上的图像完全消失；但当火灾扑灭以后，显示器充分风干后，系统可以恢复正常工作。

通过上述研究工作，可知虽然高压细水雾灭火系统对电气系统，尤其是有外壳保护的电气系统基本不会产生破坏性，但当细水雾长时间持续作用时，可能会导致电气系统漏电或短路。因此在电气机房内设计细水雾灭火系统时宜选用闭式细水雾灭火系统，使其尽可能作用在着火设备附近，形成局部保护，从而避免对未受到火灾威胁的电气设备的影响。

同时相关研究表明：细水雾灭火系统可控制电气机房内火灾，但布置在机房内顶部的喷头，对封闭机箱内火灾的扑救效率不够，如需直接扑灭机箱内火灾，还需调整细水雾喷头位置及喷射时间控制，这方面需要进一步开展相关研究工作。

高压细水雾、七氟丙烷与 IG－541 三种灭火技术比较见表 7－8。

表 7－8　　　　　　　　高压细水雾、七氟丙烷与 IG－541 三种灭火技术比较

项　　目	高压细水雾	七氟丙烷	IG－541
电气火灾的有效性	可以有效灭火，能够承受一定的自燃或主动通风，可有效抑制深位火复燃；与气体灭火系统相比，灭火速度较慢	可以迅速灭火；在空间密闭条件被破坏情况下的灭火失效率较高；对于深位火灾，复燃的几率较高	同七氟丙烷
有无毒性	无毒，且可以降低火灾场所的烟尘、CO_2 和 CO 含量	热态下产生 HF 物质，具有腐蚀性，有毒	主要有少量 CO_2 和惰性气体生成，NOAEL＝43%，LOAEL＝52%，影响很小
对环境的影响	无影响	有影响	无影响
对设备的影响	影响小，取决于雾滴的粒径和施加的时间	灭火时产生的 HF，具有腐蚀性	无影响

项　　目	高压细水雾	七氟丙烷	IG-541
灭火的可持续性与浸湿作用	水源易获取，可重复启动持续灭火，对燃烧物有较强的浸湿作用，系统基本储水量为3m³，提供市政补水时持续时间不少于30min	灭火介质受限，不能保证持续灭火，对燃烧物没有浸湿作用，对于很多可能出现复燃的固体深位火灾无法确保可靠灭火；释放后浓度保持时间取决于空间的密闭性	同七氟丙烷
灭火的可再用性	可再用，通过市政补水可以长时间控制灭火或降温	气体一旦喷放，不可再用，不便于针对复燃或蔓延火灾的扑救	同七氟丙烷
吸热、辐射热阻隔及除烟性能	强	无	无
人员疏散的计划及时间要求	有去除烟和CO的能力，有疏散冗余时间，人可处于细水雾喷放空间内，安全不受影响	冷态时人体可接触，应及时疏散	短时影响能见度，处于释放空间内，也应及时疏散
使用的方便性、安全性	主管道正常运行工作压力较低，区域阀后往往没有水，或水压很低，使用维护安全、简单	系统涉及高压储气装置、高压气体输送管路和泄漏灌装问题，维护较复杂，专业性强，有一定的危险性，成本高；灭火剂储存压力高达15～20MPa	同七氟丙烷
投资和维护使用	成本对空间密闭条件要求低，成本较低	投资成本低，但维护重装成本高	由于灭火浓度和储存压力高，系统初始投资大

七氟丙烷灭火剂又称 FM-200，系统设计浓度一般取 7.0%，无毒性反应浓度 NOAEL 为 9.0%，有毒性反应浓度 LOAEL 值为 10.5%，而相对于卤代烷 1301 等则 LOAEL 具有安全性。臭氧损耗能力值为零，全球温室效应潜能值约为 0.3～0.5，大气中存留时间比卤代烷、二氧化碳都低，约为 31～42 年，储存较稳定，一般 20 年不变质。七氟丙烷目前生产和应用已较为成熟，但有一定的大气温室效应，关于其毒性和致癌问题，目前国际学术界尚有争议。现在德国、日本及北欧国家已不使用，不宜作长期哈龙替代物，因此对七氟丙烷应谨慎使用。

IG-541 灭火系统的灭火介质由 50%的 N_2、40%的 Ar、10%的 CO_2 组成，它不同于以往使用的卤代烷灭火剂和目前一些卤代烷替代药剂，它不是一种化学合成药剂，而是取自大气中三种气体的混合物，对人体没有任何毒性，其臭氧耗损潜能值、温室效应值和大气中的存活寿命三项指标均为零，对环境无影响。灭火机理是当 IG-541 中三种气体喷放到着火区域时，在短时间内会使着火区域内的氧气浓度降至能够支持燃烧的 12.5%以下，对燃烧产生窒息作用，从而使燃烧迅速终止。

细水雾灭火系统是由一个或多个细水雾喷头、供水管网、加压供水设备及相关控制装置等组成，能在发生火灾时向保护对象或空间喷放细水雾并产生扑灭、抑制或控制火灾效果的自动系统。它是在自动喷水灭火技术的基础上发展起来的，具有无环境污染、灭火迅速、耗水量低、对防护对象破坏性小的特点。前人对细水雾的灭火机理进行总结，可以分成以下四类：① 吸热作用，包括对火羽流的冷却作用和对燃料表面的湿润和冷却作用；② 隔氧窒息作用，包括氧气置换和燃料挥发气体的稀释；③ 辐射衰减作用；④ 动力学影响，主要指细水雾对火焰产生的强烈扰动、抑制减弱作用。

　　高压细水雾灭火系统作为新型高效的灭火系统，是一种既节约投资又环保的灭火系统，相关规范及试验证明高压细水雾可以在电气通信机房内使用，且灭火效果好。此外，研究表明高压细水雾具有良好的消烟除尘效果，有效降低房内火灾的次生危害，减少火灾带来的间接损失，高压细水雾本身带来的水渍损失很小，属于可接受的范围。因此，高压细水雾系统在电气通信机房内的应用，可作为消防的新技术发展的一个方向。

十、机房日常维护管理

　　加强机房管理人员的培训，其内容包括：机房气体灭火系统的使用知识；掌握系统设备正常运行状态的记录；对故障指示给出分析报告；掌握烟火报警处置办法与逃离紧急启停流程。

　　气体灭火系统定期巡检维护是必不可少的工作。如定期检测气瓶压力确定是否应加气或更换，试验各烟感温感等探测器是否能正常报警启动系统，对后备电池进行检测并定期更换。

　　配有气体灭火系统的机房，防火灭火问题不能都依靠系统，特别是有线电视机房要加强日常维护管理。

　　（1）严格执行交接班巡查巡检记录和每天多次检查主要设备的发热温升情况。特别是大电流工作线缆的接头处是否有发热现象，电池组是否有发热、冒烟、漏液，室内有无异味及设备风扇运行等情况。

　　（2）配备手持二氧化碳灭火器和机房应急照明设施，定期检查灭火器存放位置、数量及有效期。

　　（3）火情初期发现与判断处理。常查看机箱设备内有无发热冒烟，对于未让探测器报警的小火情，迅速作出判断，是否能用手持灭火器进行初期灭火。

　　（4）防范火灾要规范机房管理制度。不得让易燃物品放入机房，及时清理机柜设备上因施工维护的残渣异物，机房内不得存放有包装纸箱的设备，仪器仪表使用后放回原位，不得在机房长时间无人时给仪表进行充电。

　　（5）不得在机房内临时使用大功率用电器，凡增加中大功率设备，都应按设计审视实际接入能力是否符合要求。

　　掌握机房气体灭火消防知识，审视消防建设安装运行中的利弊，正确使用与检测气体消防系统，认真搞好日常机房巡查巡检，尽早发现可能发生的消防安全隐患，并及时进行处理。

第八章 火 灾 案 例 分 析

【案例一】××××公司整流变压器起火事件

2014 年 11 月 14 日，某公司 5#整流变压器补偿绕组 C 相套管爆裂，接线端子箱烧损，滤波补偿装置的总支电缆烧毁，滤波补偿装置开关柜、接地开关柜烧毁，造成直接经济损失 48.32 万元。

一、事故前供电系统运行工况

厂内变电站 110kV 系统采用双母线接线方式，铝厂 I 线接于 110kV I 母线，带动力变压器，2#动力变运行，1#动力变热备用，供全厂交流负荷；铝厂 II 线接于 110kV II 母线，带 1#、2#、3#、4#、5#整流机组运行，供电解系列直流负荷；110kV 母联开关处于热备用状态；负荷约 22.3 万 kW。1#、3#、4#滤波补偿装置的 5 次支路运行，11 次支路停运，其补偿绕组 B 相接地开关分位；2#、5#滤波补偿装置停运，补偿绕组 B 相接地开关合位。

二、事故经过

2014 年 11 月 13 日整流系统运行正常，无检修和重大操作。14 日零时，动力车间电气运行四班班长孔××，运行值班员王××、张××接班。3 时 25 分，孔××到爆炸声，发现 5#整流变压器东侧补偿绕组接线端子箱处着火，5#滤波补偿装置控制开关柜、接地开关柜爆炸着火，控制室内 5#整流机组综合控制屏着火，全厂失电，监控微机黑屏。张××立即按下整流机组紧急停止按钮，王××分开铝厂 II 线 122 开关。孔××立即向车间值班人员、车间主任汇报。车间主任立即向厂调度室值班员汇报，通知厂外站分开铝厂 II 线 115 开关，组织当值人员张××在主控室灭火，值班电工到现场灭火，安排张××通知车间应急人员迅速回厂，同时向 119 火警报警。厂值班领导接到调度室汇报后，立即启动应急预案，通知应急人员到位，同时向上级汇报。3 时 35 分，应急总指挥到位，车间主任组织指挥灭火，动力车间组织人员恢复各 10kV 分配馈出回路。同时安排运行人员孔××恢复 1#动力变压器。当送 1#动力变压器时，远控操作合不上断路器，改投 2#动力变压器，也合不上断路器。张××、孔××到现场检查，发现 1#动力变压器合闸线圈烧坏，立即改变操作方式，手动储能，投运 2#动力变压器。车间主任继续安排人员到总配手动分开所有馈出回路开关，通知高压室合 2#动力变压器开关。4 时 12 分 2#动力变压器投运，恢复所用电、空压配电室、水泵房低压供电。孔××戴上防毒面罩、护目镜，到整流室打开喷雾、泡沫系统阀门，王××启动泡沫系统、泵房启动喷雾系统。4 时 10 分，市消防大队泡沫灭火车到达，经全力扑救，约 5 时 10 分大火被扑灭。动力电恢复后，车间主任安排人员到总配和各分配配电室查看并逐步恢复各分配回路供电。主控室运行人员张××启动监控微机，主机正常，备机依然黑屏无法恢复。电气副总工程师周××指定车间技术主管代替车间主任指挥恢复整流供电。2#整流变有重瓦斯报警信号，投运 1#、3#、4#整流机组。车间技术主管安排人员合上 1#、3#、4#整流变压器中性点地刀，分开 1#、2#、3#、4#滤波所有刀闸，合上滤波接地开关柜，同时组织电修工手动分开 5#、2#整流机组直流刀闸。车间技术主管看到模拟屏 1#、2#、3#、4#整流机组 110kVⅡ母线侧刀闸合位、开关分位、中性点地刀合位，5#整流机组母线侧刀闸和开关在分位，1#、3#、4#滤波刀闸为分位。安排孔××合上铝厂Ⅱ线 122 开关，合上 1#、3#、4#整流机组开关。在合 1#、3#、4#整流机组开关时，1#合闸正常，3#、4#整流机组开关合不上，就地检查发现分、合闸线圈烧毁，手动也合不上，遂解除 3#、4#整流机组除过流保护外的所有保护，就地手动合上 3#、4#整流机组开关。每台整流变安排两人手动升变压器 20 档位，发现没有电流，孔××汇报厂外站铝厂Ⅱ线 115 开关未合，并通知现场人员停止升档，通知厂外站合铝厂Ⅱ线 115 开关，6 时 54 分厂外站合闸，随后听到 5#整流变压器处响声，变压器补偿绕组端子箱底部又有火源，厂外站汇报铝厂Ⅱ线 115 开关跳闸。市消防大队泡沫灭火车再次扑救，约 10 分钟后火被扑灭。经对 5#整流变压器进线开关经操作断开和确认后，7 时 25 分，厂外站再次合闸，1#、3#、4#整流机组恢复供电。2#整流机组因显示重瓦斯报警，在重新检查无气体、绝缘合格，确认误报后，于 9 时 30 分投入运行，约 11 时 30 分达到全电流。

此次事故造成 5#整流变压器补偿绕组 C 相套管爆裂，接线端子箱烧损，滤波补偿装置的总支电缆烧毁，滤波补偿装置开关柜、接地开关柜烧毁，造成直接经济损失 48.32 万元。

三、事故性质及原因分析

经事故调查组分析认定，这起事故属于责任事故。对事故发生的原因分析如下：

（1）整流变压器设计制造存在缺陷，造成补偿绕组相间短路及出线套管破裂喷油引起着火，是引发事故的直接原因。整流变压器补偿绕组出线套管动、热稳定性差，易破裂。按厂家设计的补偿绕组运行方式，要求一相接地。在这种运行方式下，当另外两相在阴雨天气绝缘降低时，对地放电，造成两相短路，补偿绕组出线套管破裂。在补偿绕组相间短路导致变压器内部压力过大的情况下，厂家配置的压力释放阀未能可靠动作，造成出线套管处喷油着火。

（2）设备设施管理不到位，安全预控能力差，设备缺陷没有根本消除，是造成事故的主要原因。

对供电系统、机电设备存在的缺陷认识不足，对整流供电系统设计、制造缺陷和运行中出现的问题没有引起高度重视，对整流变压器存在的缺陷没有从技术上、管理上深入分析研究，防范措施不全面，整改落实不到位，未能从根本上治理存在的问题，造成设备带隐患运行，导致同类事故再次发生。

（3）消防设施管理不到位，对其长期存在的问题没有彻底治理，消防报警喷淋系统和泡沫消防装置在事故发生时不能投用，贻误了扑灭火灾的最佳时机，是造成事故扩大的主要原因。

1）喷淋和泡沫消防设施，没有采用双电源供电，在全厂失电情况下无法启动灭火，配备的灭火器无法控火势，造成火情蔓延扩大。

2）火灾报警装置因频繁出现故障，维修不及时，导致与之关联的自动喷淋装置在发生火灾时未能按程序报警、联动。

（4）安全管理不全面，安全过程管理不到位，责任落实不到位，隐患排查不深入，是造成事故的又一原因。

四、防范整改措施

（1）迅速采取有效措施，力保当前生产运行稳定。一是暂时将滤波补偿装置退出运行，拆除变压器补偿绕组至滤波装置的三相电缆，消除设备和系统隐患；二是制定专项应急预案和特殊时期巡检、管理、维护等运行措施，加强值班和巡检，确保设备安全运行；三是与厂家和安装单位现场制定修复方案，破常规程序实施，尽快修复 5#变压器。

（2）将整流变压器存在的缺陷列入 A 级安全隐患进行彻底治理。立即组织专业人员、聘请有关专家进行深入研究，制定优化方案，消除供电方式、滤波补偿系统及继电保护方式可靠性不高的缺陷，以保证整流系统安全可靠运行，避免事故再发生。

（3）彻底排查突然失电对生产系统较大的薄弱环节，尽快完善双电源供电，提高消防设施、中频炉、回转窑、焙烧炉等重点部位的供电可靠性，增加天然气断电闭锁保护，坚决杜绝次生事故。

（4）委托厂家尽快完善火灾报警装置，恢复报警与喷淋自动连锁功能，将喷淋手动阀门位置挪移到安全位置，改进泡沫系统的性能与容量。制定完善运行规程制度，加强日常巡查维护，保证正常可靠运行。

（5）立即开展为期 40 天的安全集中整顿，重点整顿思想作风、制度纪律和现场管理等方面存在的问题。逐级排查工作中存在的思想境界不高、责任心不强、盲目自满、松懈麻痹思想，对待工作应付、对付、敷衍了事的散漫作风。纠正领导干部中存在的害怕暴露问题、不敢揭丑亮短、遇事推诿等不良思想以及不深入现场，不掌握现场安全生产动态，工作不扎实、不深入的形式主义作风。

【案例二】×××公司电缆起火事件

一、事件现象

2010 年 7 月 5 日，×××公司操作员发现 1618 排风机电机 A 相 2#定子温度显示异常，通知现场人员进行检查，巡检工在到达现场途中，被原料一楼空压机房内闪光吸引，遂赶往空压机房，发现房内垂直电缆桥架离地面 1m 左右处有火光和浓烟（其他地方因浓烟无法辨认），并立即组织人员进行灭火。

1. 开关柜损坏烧毁情况

通过对开关柜情况进行详查，发现 3、4、5#空压机空气开关跳闸，总降两台原料电力室电源开关柜跳闸，其他开关没有发现跳闸现象；DCS 柜、高压电容柜和两台低压进线柜因火势凶猛，没有底板隔离防护，柜内元器件几乎全部烧毁，图 8-1 为事故现场电缆布置示意图，图 8-2 为原料电力室一楼电缆桥架损坏情况，图 8-3 为火灾造成的电力柜损坏情况。

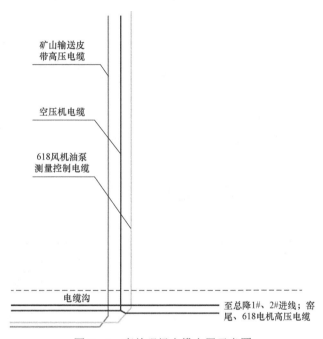

图 8-1　事故现场电缆布置示意图

图 8-2　原料电力室一楼电缆桥架损坏情况（一）

图 8-2 原料电力室一楼电缆桥架损坏情况（二）

图 8-3 火灾造成的电力柜损坏情况

　　高压柜、低压柜及电收尘柜因热浪从电缆孔洞进入柜内，部分部件烧毁，部分电气部件因应急救火，水汽进入较多，柜体烟熏火燎严重；506变频器柜安装在工具房，距着火点较远，受损程度较轻，因应急救火需要，柜体进水汽较多。

　　2. 事故过程记录

　　（1）根据总降现场核查，总降保护装置完整记录了事故期间开关柜动作情况。主要记录数据如表8-1所示（此系统服务器时间与北京标准时间基本一致）。

表8-1　　　　　　　　　　　　事 故 主 要 记 录 数 据

时间	保护类型	信息	备注
0:13:02	母线保护	6kVⅡ段母线接地合	
0:13:04	电气设备故障	生料磨1#站接地故障	同时出现水泥磨、石灰石矿配电等其他接地故障
0:13:04	电气设备故障	窑头配电站接地故障	
0:13:04	电气设备故障	生料磨2#站接地故障	
0:13:07:842	电气设备故障	电容器过压保护告警	
0:13:59:380	电气开关变位	〈母分〉高速开关动作	
0:13:59:424	电气开关变位	〈母分〉断路器分	
0:13:59:734	电气开关变位	余热发电断路器位置分	
0:13:59:756	电气开关变位	生料磨1#站分闸	
0:14:11:172	电气开关变位	生料磨1#站速断动作	
0:18:40:387	电气开关变位	生料磨2#站速断动作	
0:18:40:446	电气开关变位	生料磨2#站分闸	

　　分析认为：在0:13:04出现高压系统接地故障，说明此时现场高压电缆已经出现故障，0:13:59总降生料磨1#电源柜速断保护动作，说明此时1#电源进线电缆绝缘已遭损坏；0:18:40，生料磨2#电源柜速断保护动作，说明此时2#电源进线电缆绝缘已遭损坏。1#电源柜从发生接地故障到跳闸，时间约为55s，说明火势蔓延快。

　　（2）根据中控DCS记录情况。1618A相2#定子温度最先发生异常，时间为0:14:42；在0:16:15分DCS系统损坏（中控服务器时间较北京标准时间快约2分钟）。通过对DCS系统信息进行核查，原料系统在0:16:15前除1618电机定子多个温度点陆续发生异常外没有出现其他异常信息，立磨系统、收尘系统等设备运行电流及温度、压力等参数均正常，说明期间火势没有影响到DCS能监控的设备。

　　通过对事故现场勘察发现，垂直三列桥架电缆烧损严重，其中中间层离地面1m左右有几根电缆有短路烧结和铜珠现象；发现3、4、5#空压机空气开关跳闸，总降两台原料电力室电源开关柜跳闸，其他开关没有发现跳闸现象。DCS柜、高压电容柜和两台低压进线柜因电缆火势凶猛，没有底板防护，柜内部件几乎全部烧毁，高压柜、低压柜及电收尘柜因火势凶猛，热浪从电缆空洞进入柜内，部分部件烧毁，部分部件因应急救火，水汽进入较多，柜体烟熏火燎严重。

二、原因分析

根据察看事故现场，火烧遗留迹象，电缆、开关柜损坏情况，开关柜动作位置，分析中控室和总降的运行数据，当事人的事故经过回顾，以及同消防大队交流研讨，对事故起火点位置、起火电缆的确定、电缆起火原因以及事故危害扩大的原因基本分析如下：

（1）消防人员的经验判断和分析组成员核实事故场景和相关运行数据，分析认为电缆起火点确定在垂直桥架中间层 1.3～1.8m 处起火点位置确认。

（2）根据上述情况分析电缆敷设过程中不规范施工行为造成电缆破损，是导致此次故障的主要原因。

（3）经分析造成事故危害扩大的主要原因为：① 着火起始阶段，由于是电缆爆燃起火，虽第一时间进行扑救，但因员工消防基本技能欠缺，应急灭火经验不足及灭火器具数量有限，火势没有得到有效控制；② 起火点位于垂直桥架底部，垂直处电缆起火，火力借势向上发展，加上中间层电缆敷设密集，空压机房通风不畅，环境温度高，导致火势发展迅猛；③ 开关柜底板没有封堵，特别是 DCS 柜、高压电容柜和两台低压进底板空间较大，火势迅速窜入开关柜进入二楼电力室，造成多台高、低压柜损坏。

三、防范整改措施

（1）结合目前电缆桥架、电缆沟现状，从这次事故中认真吸取教训，定期对现场电力室、控制室等穿越楼板、墙壁、柜、盘等处的电缆孔洞和盘面之间的缝隙封堵情况进行检查；建立健全电缆维护、预警防范等各项规章制度；电缆沟应保持清洁，不积粉尘，不积水，照明充足，禁止堆放杂物；完善电气相关场所通风设施，避免因设备温度高、室内散热不畅影响电力电缆及电气柜等运行。

（2）在电气安装施工方面，要杜绝野蛮施工和电气施工机械化作业，电缆设及电气柜安装应按照设计规范施工，杜绝强制拖拽电缆和电气柜底座焊接现象；电缆要严格按设计图纸排列整齐，减少电缆间相互交叉，严禁电缆的成捆堆积；严格要求施工单位按设计要求和规范实施电缆及保护系统接线工作，严禁接地与接零系统混合交叉，确保保护系统功能完善有效。

（3）在工程设计方面，规范电缆沟及电缆桥架的电缆布置设计，并出具电缆敷设截面图，防止在实际施工中电缆布置的随意性，造成布置过密，交叉过多；在电缆密集空间内，尽可能不要布置热量大，通风效果差的设备，要保证与油、气、煤粉等易燃、易爆介质保持有效的安全距离；对重要电缆通道、开关柜及隔墙穿孔等部位要进行隔离封堵等防火阻燃设计；对消防设计上，消防设施配置要满足需要；对主要的电缆通道要做好通风、散热、排水等辅助设计工作。

（4）要加强对电气火灾消防知识培训，使员工了解各类火灾的性质，危害和防范，制定应急事故防范措施，针对性开展火灾应急事故演练，熟练掌握火灾消防技能；按照现场设备分布情况、作业性质不同的区域或专业性质配置相应的灭火器材；同时电气人员要提高自身的业务知识，准确判断电气故障的性质和范围，第一时间关断火灾电源，避免事故的扩大化。

（5）加大对现场不规范作业行为的查处力度，规范作业人员现场行为，制定相关现场作业行为管理规定，特别是电力室、电缆隧道等危险区域在未设立保护措施的情况下严禁动用明火等情况出现。

附录 A 发电单位一级动火工作票样张

盖"合格/不合格"章	盖"已终结/作废"章

单位：_____ 　　编号：_____

1. 动火工作负责人：_____ 　　班组：_____

2. 动火执行人：_____ 动火执行人操作证编号：_____

　动火执行人：_____ 动火执行人操作证编号：_____

3. 动火地点及设备名称：_____

_____

4. 动火工作内容（必要时可附页绘图说明）：

_____

_____

5. 动火方式：_____

动火方式可填写熔化焊接、切割、压力焊、钎焊、喷枪、喷灯、钻孔、打磨、锤击、破碎、切削等。

6. 运行部门应采取的安全措施：

_____

_____

7. 动火部门应采取的安全措施：

_____

_____

8. 申请动火时间：自____年__月__日__时__分至____年__月__日__时__分

动火工作票签发人签名：_____

签发日期：____年__月__日__时__分

9. 审批

审核人：单位消防管理部门负责人签名：_____

单位安监部门负责人签名：_____

批准人：单位分管生产的领导或总工程师签名：_____

批准动火时间：自____年__月__日__时__分至____年__月__日__时__分

10. 运行部门应采取的安全措施已全部执行完毕

运行许可动火时间：____年__月__日__时__分

运行许可人签名：_____

11. 应配备的消防设施和采取的消防措施、安全措施已符合要求。

可燃性、易爆气体含量或粉尘浓度合格（测定值_____）。

动火执行人签名：_____　　　消防监护人签名：_____

动火工作负责人签名：_____　　　动火部门负责人签名：_____

单位安监部门负责人签名：_____

单位分管生产的领导或总工程师签名：　_____

允许动火时间：_____年___月___日___时___分

12. 动火工作终结：动火工作于_____年___月___日___时___分结束，材料、工具已清理完毕，现场确无残留火种，参与现场动火工作的有关人员已全部撤离，动火工作已结束。

动火执行人签名：_____　　　消防监护人签名：_____

动火工作负责人签名：_____　　　运行许可人签名：_____

13. 备注：

（1）对应的检修工作票、工作任务单或事故抢修单编号（如无，填写"无"）：_____

_____

（2）其他事项：

_____

_____

附录 B 电网经营单位一级动火工作票样张

| 盖"合格/不合格"章 | 盖"已终结/作废"章 |

单位：_____ 　　编号：_____

1. 动火工作负责人：_____　　班组：_____

2. 动火执行人：_____ 动火执行人操作证编号：_____

 动火执行人：_____ 动火执行人操作证编号：_____

3. 动火地点及设备名称：_____

_____

4. 动火工作内容（必要时可附页绘图说明）：

_____

_____

5. 动火方式：_____

动火方式可填写熔化焊接、切割、压力焊、钎焊、喷枪、喷灯、钻孔、打磨、锤击、破碎、切削等。

6. 运行部门应采取的安全措施：

_____

_____

7. 动火部门应采取的安全措施：

_____

_____

8. 申请动火时间：自_____年___月___日___时___分至_____年___月___日___时___分

动火工作票签发人签名：_____

签发日期：_____年___月___日___时___分

9. 审批

审核人：动火部门消防管理负责人签名：_____

动火部门安监负责人签名：_____

批准人：动火部门负责人或技术负责人签名：_____

批准动火时间：_____年___月___日___时___分至_____年___月___日___时___分

10. 运行部门应采取的安全措施已全部执行完毕

运行许可动火时间：_____年___月___日___时___分

运行许可人签名：_____

11. 应配备的消防设施和采取的消防措施、安全措施已符合要求。

可燃性、易爆气体含量或粉尘浓度合格（测定值_____）。

　　动火执行人签名：＿＿＿＿＿＿＿＿＿＿＿　　消防监护人签名：＿＿＿＿＿＿＿＿

　　动火工作负责人签名：＿＿＿＿＿＿＿＿＿＿＿

　　动火部门安监负责人签名：＿＿＿＿＿＿＿＿＿＿＿

　　动火部门负责人或技术负责人签名：＿＿＿＿＿＿＿＿＿＿＿＿

　　允许动火时间：＿＿＿＿年＿＿月＿＿日＿＿时＿＿分

12. 动火工作终结：动火工作于＿＿＿＿年＿＿月＿＿日＿＿时＿＿分结束，材料、工具已清理完毕，现场确无残留火种，参与现场动火工作的有关人员已全部撤离，动火工作已结束。

　　动火执行人签名：＿＿＿＿＿＿＿＿＿＿　　消防监护人签名：＿＿＿＿＿＿＿＿

　　动火工作负责人签名：＿＿＿＿＿＿＿＿＿＿　　运行许可人签名：＿＿＿＿＿＿＿

13. 备注：

（1）对应的检修工作票、工作任务单或事故抢修单编号（如无，填写"无"）：＿＿＿＿＿＿

＿＿

（2）其他事项：

＿＿

＿＿

附录 C 发电单位和电网经营单位二级动火工作票样张

盖"合格/不合格"章	盖"已终结/作废"章

单位：_____   编号：_____

1. 动火工作负责人：_____   班组：_____

2. 动火执行人：_____ 动火执行人操作证编号：_____

   动火执行人：_____ 动火执行人操作证编号：_____

3. 动火地点及设备名称：_____

_____

4. 动火工作内容（必要时可附页绘图说明）：

_____

_____

5. 动火方式：_____

动火方式可填写熔化焊接、切割、压力焊、钎焊、喷枪、喷灯、钻孔、打磨、锤击、破碎、切削等。

6. 运行部门应采取的安全措施：

_____

_____

7. 动火部门应采取的安全措施：

_____

_____

8. 申请动火时间：____年__月__日__时__分至____年__月__日__时__分

动火工作票签发人签名：_____

签发日期：____年__月__日__时__分

9. 审批

审核人：动火部门安监人员签名：_____

批准人：动火部门负责人或技术负责人签名：_____

批准动火时间：____年__月__日__时__分至____年__月__日__时__分

10. 运行部门应采取的安全措施已全部执行完毕

运行许可动火时间：____年__月__日__时__分

运行许可人签名：_____

11. 应配备的消防设施和采取的消防措施、安全措施已符合要求。

可燃性、易爆气体含量或粉尘浓度合格（测定值_____）。

动火执行人签名：_____   消防监护人签名：_____

动火工作负责人签名：＿＿＿＿＿＿＿＿＿＿＿＿＿＿＿

动火部门安监人员签名：＿＿＿＿＿＿＿＿＿＿＿＿＿

允许动火时间：＿＿＿年＿＿月＿＿日＿＿时＿＿分

12. 动火工作终结：动火工作于＿＿＿年＿＿月＿＿日＿＿时＿＿分结束，材料、工具已清理完毕，现场确无残留火种，参与现场动火工作的有关人员已全部撤离，动火工作已结束。

动火执行人签名：＿＿＿＿＿＿＿＿＿＿＿＿　　消防监护人签名：＿＿＿＿＿＿＿＿

动火工作负责人签名：＿＿＿＿＿＿＿＿＿＿＿＿　　运行许可人签名：＿＿＿＿＿＿＿＿

13. 备注：

（1）对应的检修工作票、工作任务单或事故抢修单编号（如无，填写"无"）：＿＿＿＿＿
＿＿＿＿＿＿＿＿＿＿＿＿＿＿＿＿＿＿＿＿＿＿＿＿＿＿＿＿＿＿＿＿＿＿＿＿＿

（2）其他事项：
＿＿＿＿＿＿＿＿＿＿＿＿＿＿＿＿＿＿＿＿＿＿＿＿＿＿＿＿＿＿＿＿＿＿＿＿＿
＿＿＿＿＿＿＿＿＿＿＿＿＿＿＿＿＿＿＿＿＿＿＿＿＿＿＿＿＿＿＿＿＿＿＿＿＿